基金项目：中国教育科学研究院中央级公益性科研院所基本科研业务费专项资助

"教育科研院所财务治理体系创新研究——以中国教育科学研究院为例"（GYF12021001）

科研院所
财务治理体系
创新研究

高珊珊　俞惠倩　崔晓莉　薛　乐◎著

知识产权出版社

全国百佳图书出版单位

—北京—

图书在版编目（CIP）数据

科研院所财务治理体系创新研究/高珊珊等著. —北京：知识产权出版社，2023.9
ISBN 978 – 7 – 5130 – 8836 – 7

Ⅰ.①科⋯　Ⅱ.①高⋯　Ⅲ.①科学研究组织机构—财务管理—研究—中国
Ⅳ.①G322.2

中国国家版本馆 CIP 数据核字（2023）第 136916 号

责任编辑：刘　江　　　　　　　　责任校对：王　岩
封面设计：杨杨工作室·张冀　　　责任印制：孙婷婷

科研院所财务治理体系创新研究

高珊珊　俞惠倩　崔晓莉　薛　乐　著

出版发行：知识产权出版社 有限责任公司	网　址：http：//www. ipph. cn
社　　址：北京市海淀区气象路 50 号院	邮　编：100081
责编电话：010 – 82000860 转 8344	责编邮箱：liujiang@ cnipr. com
发行电话：010 – 82000860 转 8101/8102	发行传真：010 – 82000893/82005070/82000270
印　　刷：北京九州迅驰传媒文化有限公司	经　销：新华书店、各大网上书店及相关专业书店
开　　本：880mm ×1230mm　1/32	印　张：7.75
版　　次：2023 年 9 月第 1 版	印　次：2023 年 9 月第 1 次印刷
字　　数：174 千字	定　价：58.00 元
ISBN 978 – 7 – 5130 – 8836 – 7	

/ 序　　言 /

　　科技兴则民族兴，科技强则国家强。习近平总书记曾多次强调"科技是第一生产力"，并对加快建设科技强国，实现高水平科技自立自强作出具体部署。科研院所作为承担各类科学研究任务的主体，是科学研究和技术开发的基地，是培养高层次科技人才的基地，是促进高科技产业发展的基地，是实施创新驱动发展战略、建设创新型国家的重要力量。

　　随着国家治理体系和治理能力现代化思想的提出，科研院所同样需要加快推进治理体系与治理能力现代化，财务治理作为科研院所治理框架中存在和运行的一个重要系统，是科研院所内部治理的灵魂和基础。推进科研院所治理体系与治理能力的现代化，创新财务治理体系成为必然。

　　财务治理面对的问题是现实的、具体的，其目的在于应用，同时，财务治理又需要理论支撑，理论支撑让财务治理的经验更具说服力。本书从财务二重属性的角度对科研院所财务治理进行研究，以期为科研院所财务治理的具体运作提供框架并发挥指导作用，研究科研院所财务治理的框架体系和运行机制，必将充实科研院所治理理论，并将其研究视野从既有的企业和高校拓宽到科研院所，具有一定的理论价值。

现实层面而言，本书具有引导科研院所对财权进行合理配置，对现存的问题与未来的发展方向做出理性分析，制订合理的发展规划，确保科研院所积极、稳妥地实现既定目标，规范财务治理主体的行为并建立制衡机制，创新治理体系，提高科研院所的财务管理水平和资金使用效益等实践意义。

本书是关于科研院所财务治理理论与实践问题的论述。围绕这一主题，全书共分为五章。

第一章介绍本书的研究价值、研究内容、研究方法、理论综述、研究对象的概念与内涵。

第二章介绍科研院所进行财务治理的基础框架即财权配置，通过引入财权配置的理论基础包括委托代理理论、利益相关者理论等对科研院所财权配置的必要性、存在的问题和成因、优化路径进行阐述。

第三章介绍提高科研院所内部治理水平的关键举措即预算绩效管理，通过厘清科研院所预算绩效管理的相关概念和制度演变，全面分析科研院所实施预算绩效管理的必要性、现状与存在的问题，提出完善科研院所预算绩效管理的对策与建议。

第四章介绍推进科研院所财务治理体系创新的长效机制即内部控制，从科研院所开展内部控制的制度逻辑和必要性着手，分别对科研院所单位层面和业务层面的内部控制现状、问题、措施建议等方面进行分析和阐释。

　　第五章介绍科研院所健康可持续性发展的有力手段即财务数智化转型，对财务数智化的发展历程进行详细介绍，分析当前制约科研院所财务数智化转型的主要问题，提出推进科研院所财务数智化的对策建议。

　　鉴于本书涉及的理论和方法及覆盖的专业领域较广，作者作为在科研院所从事具体工作的财务人员，虽然花费了很多时间和精力用于此项研究，但由于自身水平有限，书中难免存在疏漏之处，敬请广大读者批评指正。

/目　　录/

第一章 导　　论

　　党的十九届四中全会提出了坚持和完善中国特色社会主义制度、推进国家治理体系和治理能力现代化的重要战略决策。国家治理体系和治理能力现代化是一个庞大的现代化管理体系，从宏观到微观、从政府机关到企事业单位、从城市到乡村、从内容到手段，范围在扩大，内涵在延伸。党的二十大把坚持全面依法治国作为新时代坚持和发展中国特色社会主义的基本方略之一。随着全面依法治国深入推进和经济社会蓬勃发展，科研院所加强内部治理工作面临诸多机遇和挑战，必须持续深入开展治理体系创新工作，而财务治理无疑是治理体系中重要的、不可或缺的组成部分。

　　科研院所是科学研究和技术开发的基地，是实施科技创新驱动发展战略的重要力量。随着国家治理体系和治理能力现代化思想的提出，科研院所同样需要加快推进治理体系与治理能力的现代化，财务工作作为其重要的组成部分，创新财务治理体系成为必然。

从财务管理到财务治理，一字之差，体现的是系统治理、依法治理、源头治理、综合施策，反映了科研院所财务管理思想的革命。财务治理是支撑科研院所财务管理制度、预算管理、收支管理、资产与负债、财务监督等财务活动，保障科研院所发展的基础条件，是提高资源配置效率和资金使用效益的重要支撑。

第一节　研究价值

一、理论价值

目前理论界对于企业财务治理的研究较多，针对非营利组织的研究较少，而对非营利机构的研究中，主要集中于高校综合治理方面，专门从财务治理的视角来对科研院所展开研究的极其稀少。从财务二重属性的角度来看，对科研院所财务治理进行研究，能够为财务管理的具体运作提供框架并发挥指导作用，研究科研院所财务治理的框架体系和运行机制，必将充实科研院所治理理论并弥补其强调原则性、操作性不强的缺陷，本书也将丰富财务治理理论研究，将研究视野从高校拓宽到科研院所。

二、实践意义

科研院所财务治理既是一个理论问题，也是一个实践问题。财务治理面对的问题是现实的、具体的，其目的在于应用，同时，财务治理又需要理论支撑，理论支撑让财务治理的经验更具有说服力。现实层面而言，本书的实践意义包括三个方面：

一是规范财权配置，明确发展规划。对科研院所开展财务治理研究，可以引导科研院所对财权进行合理配置，对现存的问题与未来的发展方向做出理性分析，制订合理的发展规划，确保科研院所积极、稳妥地实现既定目标，达到财务治理水平的现代化。

二是剖析财务问题，创新治理体系。分析科研院所财务治理存在的问题，使科研院所清晰地了解当前的财务状况，进而从制度层面加以改进，创新财务治理体系，提高科研院所的财务管理水平和资金使用效益。

三是明确治理主体，规范经济秩序。通过明晰科研院所财务治理主体的权力、责任和义务，规范财务治理主体的行为并建立制衡机制，创新治理体系，将有效预防科研院所腐败等问题的发生，使资金使用步入良性轨道。

随着我国科研事业的快速发展，科研院所经费投入总量持续增加，投入结构不断变化，经济业务活动日趋复杂，财务管理的内涵和外延逐渐扩大，财务治理所面临的问题不断凸显，科研院所的功能定位和其自身发展存在一定矛盾，内部审计机构缺失并缺乏应有的独立性，各层级经济责任制度有待完善，内部控制制度缺乏科学性和连贯性，绩效评价和内部激励机制不足等，迫切需要推进财务领域的配套改革，构建财务预算绩效评价及其问责联动机制，实现财务工作从传统的"核算型＋管理型"的财务管理模式向"管理型＋治理型"的财务治理模式变革。

第二节 研究内容和研究方法

一、研究内容

财务治理体系创新是提高科研院所治理水平，实现治理能力现代化的重要保障，是科研院所健康、稳定、可持续发展的必要条件。本书通过科学分析科研院所财务治理的动力与阻力、规范财务治理的实践条件，从科研院所财权配置、预算绩效管理、内部控制、财务数智化转型四个方面分析存在的问题并提出具有可操作性的路径选择，以期为推进科研院所财务治理体系创新起到积极作用。

本书开展科研院所财务治理体系创新研究，拟从厘清管理、治理、财务治理等概念入手，基于相关理论和财务治理研究综述，结合当前国家对科研院所发展的相关要求，提出科研院所财务治理的目标，对照目标对当前科研院所财务治理中存在的不足与缺陷进行梳理和原因分析，创新财务治理体系，提出推进科研院所财务治理现代化的路径选择。

（一）概念、理论基础及国内外研究综述

本书首先明确了治理、财务治理、财务管理的内涵与外延，确定研究对象，厘清研究思路；其次立足于公司财务治理的基本

理论——委托代理理论、利益相关者理论、财权理论、财权配置理论，明确财务治理的基本内涵和内容要义，为进一步研究具体某个组织的财务治理结构打下基础；最后梳理国内外研究成果，通过对研究成果的分析，吸收优点，探究不足之处，在后续财务治理体系研究中予以弥补。

（二）提出科研院所财务治理的目标

结合相关理论和文献综述，提出科研院所财务治理的目标，即通过优化财权配置与问责机制，实现科研院所科学决策和财务有效监督；通过建立以预算绩效为导向的资源配置方式，提高科研院所资金使用效益；通过建立以财会监督为核心的内部控制系统，规范科研院所内部经济秩序；通过以财务大数据分析与信息化建设为抓手，提高财务治理效能，实现科研院所健康可持续性发展。

（三）分析科研院所财务治理工作的现状及问题

对当前我国科研院所实施财务治理的社会背景进行分析，对内部治理的历史沿革和进展进行梳理，结合我国科研院所财务治理取得的成绩和经验，分析当前科研院所财务治理工作中存在的诸如财务治理结构不完善、缺乏有效的激励制度、内部风险控制能力不足等问题，并对问题原因进行深入剖析。

（四）提出推进科研院所财务治理现代化的路径选择

结合科研院所财务治理的目标和存在的主要问题，提出推进

体系应包含财务治理结构、治理机制和治理行为三个方面；油晓峰❶提出财务治理主体、客体、目标、机制、模式等构成了财务治理框架，并对各部分进行了详细的论证与阐述；伍中信❷认为财务治理研究的基本框架是财务治理结构，其核心是财权配置，财务研究的逻辑起点是财权，即"财力 + （相应）权力"，财务治理主要处理"财务关系"，即对财权流（权力）的配置。

财权配置研究方面，姚晓民、何存花❸认为，企业财务治理权包括财务决策权、财务执行权与财务监督权，其配置是财务治理结构的核心内容；伍中信❹进一步阐述认为财务治理权在"财权"概念框架体系中属于第二层次，介于大"财权"与"财务控制权"之间，包括财务决策权、财务执行权、财务监督权；胡素英❺认为财权配置方面的问题在高等学校表现尤为突出，进而提出优化高等学校财权配置的优化策略。

财务管理与财务治理区别方面，赵建军❻、李月❼、李华军❽、

❶ 油晓峰. 财务治理理论研究述评 [J]. 经济学动态, 2008 (3)：74 - 77.
❷ 伍中信. 建立以"财权"为基础的财务理论与运作体系 [J]. 会计之友, 2001 (4)：4 - 7.
❸ 姚晓民, 何存花. 论企业财务治理权配置中的债权人地位 [J]. 山西财经大学学报, 2002 (3)：94 - 96.
❹ 伍中信. 现代企业财务治理结构论纲 [J]. 财经理论与实践, 2004 (3)：62 - 67.
❺ 胡素英. 我国高校财务治理中的财权配置现状与优化 [J]. 浙江大学学报（人文社会科学版）, 2019, 49 (4)：195 - 206.
❻ 赵建军. 我国高等学校财务治理问题研究 [D]. 厦门：厦门大学, 2006：2 - 40.
❼ 李月. 我国公立高校财务治理理论分析与评价指标体系的构建 [D]. 上海：上海外国语大学, 2012：2 - 25.
❽ 李华军. 高校财务治理视角下的财务风险演化研究 [J]. 商业会计, 2015 (20)：58 - 59.

王素云❶从不同的角度提出两者的区别，概括为：一是主体不同，财务管理主体包括财务活动的参与者和执行者，而财务治理主要研究利益相关者之间的财务关系；二是研究内容不同，财务管理主要处理财务活动，财务治理主要处理财务关系；三是属于财务体系中不同的层次，财务治理是财务管理的制度基础，而财务管理主要针对具体的财务运营，财务治理对财务管理具有宏观调控及指导意义，财务管理是对财务治理理念的具体体现。

　　财务治理的实证研究方面，近年有学者开始关注财务治理效果评价，从一定层面上具有研究的创新性，并完善了财务治理理论体系。姜启晓❷运用层次分析法确定企业财务治理水平评价指标体系权重，通过调查和确定个别评价指标的原始值、原始指标的无量纲化、将无量纲化处理后的指标以单指标值线性加权求和的方法，最后汇总计算财务治理水平评分值；高明华等❸以国际通行的财务治理准则，设计了 4 个一级指标（财权配置、财务控制、财务监督和财务激励）、30 个二级指标的指标体系，以此计算当年 1682 家上市公司的财务治理指数，并进行评估和排序分析，构成财务治理效率与效果实证研究的重要基础。

---

❶ 王素云. 高校财务治理的核心 [J]. 常州信息职业技术学院学报，2018，17 (6)：80 – 82.

❷ 姜启晓. 企业财务治理评价指标体系初探 [J]. 北方经济，2007 (10)：108 – 109.

❸ 高明华，任缙. 企业空心化影响因素分析：来自中国 1682 家上市公司的证据 [J]. 学习与探索，2014 (10)：81 – 87，2.

三、对有关文献研究的评价

基于上述对国外和国内关于财务治理相关理论的梳理，关于财务治理文献研究评价如下：

一是研究深度不足。国内外学者在财务治理基础理论、内涵研究、财权配置以及财务治理体系框架等方面已产生较多优质研究成果，但财务治理基础理论研究总体缺乏深度挖掘，尤其对财务治理理论的财务学、经济学根源研究不足。

二是研究主体狭窄。当前理论界关于财务治理的研究更多地关注与现代企业制度相关联的公司治理领域，对非营利机构财务治理领域研究较少，仅有的研究集中在高校综合治理方面，专门对于科研院所这一主体进行财务治理的研究相对较少。

三是研究内容宽泛。在研究内容方面，现有研究成果一般只是对企业和高校财务治理的某一个方面进行论述，偏重于宏观论述的多，对实际工作的指导意义和操作性不强。

四是实证研究较少。目前关于财务治理的研究多以"档案式"研究为主，实证研究较少，已有研究大多停留在制度层面的讨论，所构建的非营利组织财务治理模式并没有严密的理论论证，指标体系过于单一。

总之，我国大部分科研院所还没有建立起现代科研院所财务治理体系，也未建立规范的财务治理机制，致使财务治理效能较低。科研院所财务治理体系创新研究是科研院所需要深入思考和研究的重大理论和实践问题之一。

第四节　科研院所财务治理的概念与内涵

一、科研院所财务治理的概念

科研院所是对实施科学研究的研究院和研究所的统称，包括各科研类研究院、研究所。科研院所是科学研究和技术开发的基地，是培养高层次科技人才的基地，是促进高科技产业发展的基地。科研院所从事探索性、创造性科学研究活动，具有知识和人才独特优势，是实施创新驱动发展战略、建设创新型国家的重要力量。国家和部委文件中所指的科研院所，一般是指国家事业单位的研究院、研究所。

治理是指治理主体（利益相关者）为了达到利益较大化，依据制度制衡权利和协调权利平衡的一种机制。治理的定义应该包括六要素：治理是什么、谁治理、根据什么治理、如何治理、治理什么、治理的目的是什么。❶

财务治理是借鉴政府公共管理理论与现代公司制度理论形成的，用以协调和平衡组织利益相关者之间财务关系的设计和安排，既包括组织内部的财务决策、财务监督和财务执行过程，也包括外部财务治理要素在内部治理过程中的嵌入和协同。

科研院所财务治理是指科研院所在运行过程中，内部经济组

---

❶ 乔春华. 高校财务治理研究 ［M］. 南京：东南大学出版社，2021：5-6.

织合理设计与财务管理活动相关的权力制度，包括对治理主体、治理客体、治理手段等进行的理性安排。科研院所通过一定的财务治理手段，合理配置财务决策权、财务分配权、剩余分配权、财务控制权、财务监督权，形成一个自我约束、相互约束、相互制衡的财务治理机制，以科学、合理协调利益相关者的利益关系，促使达到科研院所宏观管理和微观活动之间的平衡，保证科研院所内部组织的运营效率。❶

二、科研院所财务治理的内涵

科研院所财务治理的内涵包括科研院所通过优化财权配置、实施全面预算绩效管理、加强内部控制、推进财务数智化转型，以达到有效进行财务治理，提高财务治理水平，进而提高科研院所内部治理水平的目标。

科研院所实施财务治理必须立足于科研院所发展的特点和自身实际，并按照新公共管理等理论的要求，借鉴公司财务治理领域的成功经验和理论，从以下四个方面开展财务治理工作。

（一）财权配置

完善财权配置是科研院所进行财务治理的核心和基础。科研院所财务治理体系和治理能力现代化建设的关键在于完善科研院

---

❶ 施建军，龙英. 关于高校财务治理现代化问题的思考 [J]. 教育财会研究，2020，36（1）：3 - 6，29.

所财务治理制衡机制。科研院所财权配置就是要在财务决策机制、财务激励机制、财务约束机制、财务评价机制、财务监督机制等方面进行制度安排和优化，为科研院所进行财务治理提供坚实的基础框架。

（二）预算绩效管理

全面实施预算绩效管理是科研院所推进内部治理体系和治理能力现代化的内在要求，是优化单位资源配置、提升资金使用效益，提高内部治理水平的关键举措。

（三）内部控制

科研院所开展内部控制是财务治理的内在要求，是科研院所财务治理的重要组成部分。内部控制是科研院所有效防范风险和规范权力运行、提高管理运行效率的重要支撑，是推进科研院所财务治理体系不断创新的长效保障机制。

（四）财务数智化转型

财务数智化转型是科研院所财务治理工作的重要抓手，以财务大数据分析与信息化建设为主要内容的财务数智化转型是提高财务治理效能，确保科研院所健康可持续性发展的有力手段。

第二章　财权配置

财务治理最初起源于公司治理，源于所有权与经营权分离以及由此产生的代理关系问题。其治理的主体通常是股东、董事会和管理层。按照公司治理主体在公司治理中地位和作用不同，公司治理结构经历了由管理层中心到股东会中心再到董事会中心三个发展阶段，这三个阶段都存在权力与责任不对等问题，导致公司治理效果不佳，其原因是在强调治理主体的同时，忽视了治理客体即权、责、利及其配置方式。因此，要提高公司治理效率，以权、责、利的合理配置为中心，建立公司治理结构。在这三个要素中，权力的配置是前提，而在公司的权力结构中，财权是一种最基本、最主要的权力，因为公司的各种经营活动最终都会通过资金和资产的相互交换或转移而完成并在财权上有所体现。因此，以财权配置为中心的公司财务治理就应运而生了。

本章以委托代理、利益相关者、财权及财权配置等为理论依据，在以往企业财权配置研究基础上，将其研究视野从企业拓宽到高校，再从高校延伸到科研院所，通过明晰科研院所财权配置的内涵、特点和要素，探析科研院所财权配置目前存在的问题和原因，通过加速推进"去行政化"进程、推行合理的财务治理结构改革、构建全方位的网络治理模式、建立科学的财务治理制衡机制及完善强有力的财权监督等路径，提高财务治理效能，确保科研院所健康可持续性发展。

第一节　科研院所财权配置理论基础

现代财务理论研究承袭制度经济学的产权理论、交易成本理论、契约理论、非对称信息理论等最新研究成果，产生了詹森和梅克林的"代理成本学说"、罗尔（Roll）和罗斯（Ross）的"套利定价理论"、史密斯（Smith）的"财务契约论"等。20 世纪 80 年代经济学领域出现的"共同所有权理论"、公司法领域对"股东至上逻辑"的突破和管理学领域出现的"利益相关者管理"，使利益相关者理论得到迅速发展。90 年代以来，我国开始关注新制度经济学与财务学的融合研究，促进了产权财务和制度财务理论研究的兴起与发展，其成果主要集中在财务本质的"财权流"学说、财务主体的财权内涵、财务分权分层论、利益相关者财务、构建以"财权"为核心的财务理论与运作体系以及以"财权配置"为核心的财务治理理论体系等方面。

一、委托代理理论

(一) 委托代理理论的产生与发展

委托代理理论 (Principal – agent Theory) 产生于 19 世纪 30 年代，是社会经济不断发展的产物。企业所有者拥有着完整的权利，即对资产的占有、使用、收益和处分的权利，既是企业的所有者，也是企业的经营者，即所有权与经营权是统一的，不存在代理关系。美国经济学家伯勒和米恩斯洞悉企业所有者兼具经营者的做法存在着极大的弊端，于是提出"委托代理理论"，倡导所有权和经营权分离，企业所有者保留剩余索取权，而将经营权让渡。

委托代理理论早已成为现代公司治理的逻辑起点。委托代理理论建立在非对称信息博弈论的基础上，是契约理论最重要的发展之一，源于 20 世纪 60 年代末 70 年代初一些经济学家深入研究企业内部信息不对称和激励问题。委托代理理论的中心任务是研究在利益相冲突和信息不对称的环境下，委托人如何设计最优契约激励代理人。

现代企业委托代理关系中，股东是委托人，而董事会作为代理人运营企业。这需要股东给予董事会很大授权，股东了解评价董事会业绩信息却是有限的。由于股东和董事会两者利益冲突，在没有有效的制度安排下，董事会的行为很可能最终损害股东的利益。故由两权分立带来的委托代理问题，成为所有委托代理理

论共同研究的中心问题。❶

（二）委托代理理论的本质与应用

委托代理理论是财务治理的基础理论，是研究存在于各种层次管理活动中的委托代理关系理论，其主要是解释现代企业所有权与经营权分离而产生的委托代理理论。

委托代理理论是制度经济学契约理论的主要内容之一，主要研究的委托代理关系是指一个或多个行为主体根据一种明示或隐含的契约，指定、雇用另一些行为主体为其服务，同时授予后者一定的决策权力，并根据后者提供的服务数量和质量对其支付相应的报酬。授权者就是委托人，被授权者就是代理人。委托代理理论有两个主要假定：一是所有人均是利己的，因此，在委托人与代理人出现利害冲突时，代理人会做出自身利益最大化选择；二是信息不对称，代理人利用自身信息优势，牺牲委托人利益而夸大自身利益，而委托人对代理人的行为不易察觉。受上述条件约束，代理人成为剩余索取者，应受到产权的严格约束和充分激励。

委托代理关系在社会中普遍存在，因此委托代理理论被用于解决各种问题。如国有企业中，国家与国企经理、国企经理与雇员、国企所有者与注册会计师、公司股东与经理、债权人与债务人等都是委托代理关系。因此，寻求激励的影响因素，设计最优的激励机制，将会越来越广泛地被应用于社会生活的方方面面。

在我国，科研院所的产权为人民公有，但是全民财产所有者

---

❶　何召滨. 国有企业财务治理 ［M］. 北京：人民出版社，2012：36–37.

为数众多，不可能亲自去行使财产所有权，只能采取委托政府主管部门的方式来行使财产所有权，这样在我国科研院所的财务治理结构中就形成了最初的委托代理关系，即全民—政府主管部门。我国科研院所财务治理结构中的委托代理管理主要有三层：一是全民委托政府主管部门形成委托代理关系；二是政府主管部门委托院长形成委托代理关系；三是院长委托财务部门负责人及各财务人员形成委托代理关系。❶

在我国科研院所的财务治理结构中，委托代理之间也会不可避免地出现各种问题，主要原因有四个方面：

一是委托人和代理人追求目标不一致。委托人和代理人的行为动机是有差异的，代理人首先考虑的是自身利益，委托人的利益只能放在第二位。

二是委托人和代理人信息不对称。委托人与代理人掌握的科研院所运转情况以及对科研院所代理人的品德、能力、决策背景等信息了解程度不同。这种信息不对称，可能诱使掌握实际控制权的科研院所第一层级代理人产生机会主义行为，他们可能知道委托人不一定了解的情况，知道如何躲避监督；可能会欺骗委托人、损害委托人的利益。委托人首先面临选择代理人问题。

三是委托人与代理人契约不完全。委托代理关系实质上是一种契约关系，委托人与代理人的契约，并非都需要正式签署，而是一纸任命书，但是任命书上并没有契约的条文，委托人不能依靠一个十分完善的契约来约束代理人的行为。代理人被任命后，

---

❶ 杨磊. 我国公立高校财务治理研究 [D]. 镇江：江苏科技大学，2010：17.

需要随机处理契约中未曾涉及的事务，因此权力有较大的弹性空间，这样有可能使代理人最终偏离委托人的目标。

四是委托代理激励机制不足。如果代理人给科研院所带来利益，代理人按照规定也不会得到很多的个人利益，激励机制不足，委托人就需要决定如何以最小的成本去设计一种契约或机制，促使代理人努力工作，以最大限度增加委托人的效用。反之，代理人的决策一旦造成巨额损失，承担责任的是委托人。

由于这些代理问题的存在，科研院所在财务治理中，其委托人必须建立一套有效的制衡机制来规范、约束并激励代理人的行为，从而减少代理人问题，降低代理成本，提高经济效益和社会效益，更好地满足委托人的利益。

二、利益相关者理论

（一）利益相关者的提出和内涵

现代意义的"利益相关者"最早起源于 20 世纪 30 年代。1932 年，伯利（Berle）和米恩斯（Means）在其著作《现代公司与私有财产》中曾指出："以所有者为一方和以控制者为另一方，之间形成新的关系。……这一关系涉及公司的参与者股东、债权人和某种程度上还包括其他债权人。"❶ 利益相关者理论的萌芽始于美国哈佛法学院学者多德（Dodd），其指出："倘若公

---

❶ ［美］阿道夫·A. 伯利，加德纳·C. 米恩斯. 现代公司与私有财产 ［M］. 甘华鸣，罗锐韧，蔡如海，译. 北京：商务印书馆，2005：130 – 137.

司作为一个主体是真实存在的，那么如下定理就是现实存在，而不仅仅是法律上的虚构，即公司的管理者对于公司主体的全部而不仅是个别的成员负有信托责任，换句话说，管理者是一个组织（具有多重构成成员在内）的受托人，而不只是股东的代言人。"● 大约20世纪60年代，利益相关者理论在美国、英国等长期奉行外部控制型公司治理模式的国家中逐步发展起来。随后，很多专家如弗里曼（Freeman）、多纳德逊（Donaldson）、克拉克森（Clarkson）、琼斯（Jones）、科林斯（Collins）、卡罗尔（Carroll）、布莱尔（Blair）、米切尔（Mitchell）为代表的一批经济学家、管理学家提出了相应的观点。其中，弗里曼的观点最具代表性，他认为利益相关者是能够影响一个组织目标的实现或者能够被组织实现目标过程影响的人。弗里曼提出利益相关者不仅包括与公司业务直接发生关系的交易伙伴，还包括国家机构等管理机构以及公司所在地区环境、附近居民等间接发生关系的社会大环境。弗里曼的利益相关者是广义的，而布莱尔则更具体地定义了利益相关者，他认为利益相关者是所有那些向企业贡献了专用性资产，以及作为既成结果已经处于风险投资状况的人或集团。●

我国学者贾生华、陈宏辉等在西方研究基础上，总结出较全面且有代表性的观点：利益相关者是指所有对公司经营活动投入了相应的专用资本，并承受一定风险的个人或者群体，他们的活

● 沈艺峰，林志扬. 相关利益者理论评析 [J]. 经济管理，2001（8）：19 - 20.
● 幺立华. 中国公立大学财务治理模式创新研究 [D]. 长春：东北师范大学，2013：16.

动可以影响或者改变公司的目标，同时也会受公司完成其目标过程中产生的各种因素所影响。❶

（二）利益相关者公司治理理论

西方学者于 20 世纪 90 年代以后开始更多地关注利益相关者在公司治理中的地位。这些学者认为公司治理不仅要调节股东这一所有者与决策层经理之间的关系以及大小股东之间的关系，还应当包括所有利益相关者之间的关系。公司治理的目的是实现公司价值最大化，其前提是保护各利益相关者的利益。

第一，各利益相关者投入的资本是企业赖以生存发展的基础，这些资本由股东投入的股权资本、债权人投入的债权资本、雇员投入的人力资本以及社会提供的环境资本等组成，这些利益相关者必须配置相应的财权才能保障其获得的收益。

第二，各利益相关者都应共同承担因企业经营不善或者其他不利因素导致企业损失所带来的风险，比如，股东要承担企业亏损或者破产的风险，债权人要承担无法回收的应收款项风险，雇员要承担企业亏损等导致薪酬不能及时或者足额发放的风险等。按照权责利原则，这些利益相关者必须参与财权配置，共同治理企业，才能降低自身风险，获得相应收益。

第三，各利益相关者应该保持稳定且长久的合作关系，将其投入的资本与其他资本有效结合使用，发挥每种资本价值最大

---

❶ 贾生华，陈宏辉. 利益相关者的界定方法述评 [J]. 外国经济与管理，2002 (5)：13－18.

化，同时，企业应建立每个利益相关者都能够分享财权的共同治理机制，这是现代企业发展的必然选择。❶

为了改善公司治理结构，20 个发达国家于 1961 年成立经济合作与发展组织（OECD）。OECD 特设一个具有国际性基准的专门委员会。该专门委员会根据全世界有关公司治理理论成果和经验，推出《OECD 公司治理结构原则》草案。1995 年 5 月，该草案被通过，其原则也被 OECD 理事会通过，并将此原则作为成员国政府制定有关公司治理结构法律和监管制度框架的参考。《OECD 公司治理结构原则》的主要内容包括：股东权利、平等对待全体股东、利益相关者在公司治理中的作用、信息披露和透明度以及董事会的责任。利益相关者理论的出现使公司治理问题扩展到利益相关者，也就是广义的利益相关者，从而使公司治理的问题变得更加错综复杂。❷

（三）高校利益相关者理论

联合国教科文组织在巴黎召开的世界高等教育会议上发表的《世界高等教育宣言》第 17 条指出："有关各方——国家，学校的决策者、教学人员、研究人员和学生，高等院校的行政与技术人员，以及职业界和社会团体之间的合作伙伴关系与联盟是进行改革的一支强大力量。以共同利益、相互尊重和相互信任为基础的合作伙伴关系，应成为改革高等教育的主要方式。"对于高校

---

❶ 何召滨. 国有企业财务治理 [M]. 北京：人民出版社，2012：137 - 138.

❷ 陈宏辉. 企业利益相关者的利益要求：理论和实证研究 [M]. 北京：经济管理出版社，2004：24 - 33.

来说，考虑不同类型利益相关者的利益是至关重要的。哈佛大学前校长德里克·博克（Derek Bok）在《市场中的大学》中深刻地阐述了"与管理一个公司相比，领导一所大学是一项不确定因素更多的事业。其目的是利用教职工和管理者双方的力量，建立一种管理系统。而要建立这种系统，就要向前者灌输大学的需求和给予，同时让后者认识到大学在保持可能实现的最高教学质量时，所需要的根本价值观和标准"。❶

张维迎认为："公立大学的利益相关者包括出资人、教师、校长、院长、学生、校友以及纳税人等。"❷

高校外部利益相关者分为两个层次：第一层次是出资者，即政府、学生家长、捐赠者；第二层次是贷款提供者、产学研合作者、社会公众、社区、媒体等。高校内部利益相关者分为三个层次：第一层次是学生；第二层次是教师；第三层次是管理者。从上可以看出，大学治理的主体是内外部利益相关者组成的"多元化"群体。

三、财权理论

（一）财权的缘起与发展

财权的理论基础是产权。产权（property right）是以财产所

❶ 霍华德·戴维斯. 制定 21 世纪大学的发展战略规划 [C] //第二届中外大学校长论坛讲演录. 北京：中国人民大学出版社，2004：168 – 170.

❷ 张维迎. 大学的逻辑 [M]. 北京：北京大学出版社，2004：19 – 21.

有权的概念为基础产生的，是经济所有制关系的法律体现，包括所有权、占有权、使用权、收益权和支配权等的权利束。产权理论的实质就是研究怎样通过确定、调整和分配产权来减少交易费用，提升经济效率，进而优化资源配置。约拉姆·巴泽尔在其作品《产权的经济分析》中指出："人们对不同财产的各种产权包括财产的使用权、收益权和转让权。"❶ 在这里我们发现，由于产权不仅是一种资产归属现象，更是一种经济运作现象，所以我们可以把产权分成原始产权（或终极所有权）和法人产权（法人所有权）。

我国首次提出企业财权概念的是学者汤谷良。他认为，企业财务主体所具有的财权，是由终极所有权衍生但又独立于终极所有权的一项财权，而这一财权与企业法人制度的组合，也就构成了企业法人主体的财权。企业财权是派生产权，属于法人财产权。❷ 该观点指出了企业财权的本质，更利于理解财权的含义。在郭复初"本金投入与收益分配论"的基础上，基于对财务"价值"层面和"权力"层面的融合分析，伍中信教授找到了具有丰富内涵而又新型的"财权"概念，他认为，财权体现为某一市场主体对财产所享有的支配权；财权 = 财力 + （相应的）权力，这里的"财力"体现为某种价值，是企业的资金或本金，相应的权力便是支配这一"财力"所拥有的权利。该观点的核心是在产权理论的导引下，从"权力"角度来进行论证，为解

---

❶ 约拉姆·巴泽尔. 产权的经济分析 [M]. 2 版. 费方域，段毅才，译. 上海：上海人民出版社，2017：10 – 30.

❷ 汤谷良. 现代企业财务的产权思考 [J]. 会计研究，1994 (5)：6 – 10.

析财权指明了基本方向。❶

随着现代公司体制形成和发展，"财权"日渐成熟，我国学者从不同的视角相继提出了财权的界定，代表性的观点如：刘贵生等提出了与财产所有权和政治相联系的财力分配权，把财权和财产权紧密联系在一起，同时提出财务权力与财政权力有着本质的区别，绝不能混淆。❷郭复初从公司财务视角考虑各种具体资产的分配，提出了财权还包括投资权、筹资权、留用资金支配权、资产处置权、成本费用开支权、定价权和分配权。❸李连华提出把企业财产权界定为出资方终极财产权、企业法人财权和法人财产权所划分构成的明细财权，进而认为企业财产权是由各个层级、各种权能所组成的一种权力结构系统。❹王斌等以财务管理视角提出了财权的三个含义：一是狭义上的现金交易和财务运营权；二是广义上的财务和会计学中各种权力；三是财务管理系统中所涉及的财务事务决策权、现金调度支配权和日常财务管理权等。❺张兆国和张五新提出公司财产权是有关财务管理方面的一种权能，分为财务收益权和财务控制权。❻李心合等以利益相关

❶ 伍中信. 财权流：财务本质理论的恰当表述 [J]. 财政研究, 1998 (2)：32 – 33.

❷ 刘贵生, 杨谷芳. 谈现代企业财权运作的产权支持与约束 [J]. 财会月刊：上, 1999 (2)：10 – 11.

❸ 郭复初. 公司高级财务 [M]. 上海：立信会计出版社, 2001：92 – 93.

❹ 李连华. 股权配置中心论：完善公司治理结构的新思路 [J]. 会计研究, 2002 (10)：43 – 47.

❺ 王斌, 高晨. 组织设计、管理控制系统与财权制度安排 [J]. 会计研究, 2003 (3)：15 – 22.

❻ 张兆国, 张五新. 试论企业财权配置 [J]. 武汉大学学报：哲学社会科学版, 2005 (6)：790 – 794.

者视角提出企业财权的来源已由股东的资本扩展到利益相关者的资本上，认为财权可以界定为企业获取、管理和经营财务资源的权力。❶ 衣龙新认为，财权派生于企业所有权，主要包括财务决策权、收益分配权和监管权等。❷ 张栋认为财权即财务治理权，分为财务收益权与财务控制权二种，并增加了财务控制权的具体内容，即财务控制权又分为财务决策权、财务执行权和财务监督权。❸

现代企业理论认为，企业是多种契约关系的联结体，是市场要素所有者交易产权的结果。企业财权不仅包括法人财权中掌握价值形态的部分权力，还应包括全部要素所有者投入的"财力"（本金）及与之相生的"权力"。因此，企业财权从企业整体考虑主要包括出资人终极财权、企业法人财权以及两者各自分割与分层所形成的明细财权。而企业法人财权在企业财权中占主导地位，这是因为现代企业必须是独立法人且独立核算，拥有自身利益并努力使之最大化的经济实体。❶

上述研究对于提高财务管理理论与应用方法的探讨有着重大作用。

（二）财权的内涵与精髓

财权的提出引起了人们关于财权内涵的讨论。从现代财务治

---

❶ 李心合，赵明，孔凡义. 公司财权：基础、配置与转移 [J]. 财经问题研究，2005（12）：17.

❷ 衣龙新. 财务治理理论研究 [D]. 成都：西南财经大学，2004：61 –63.

❸ 张栋. 企业利益相关者财权配置研究 [J]. 财会通讯，2006（6）：68 –70.

❶ 曹越，黄灿. 财权论纲：基于不完全契约理论的研究 [J]. 商业研究，2010（1）：34 –35.

理视角来看，财权主要是指由所有权派生的财务权力，最初形式是"普通财权"。"企业财权"是与"普通财权"并列的概念，由"企业所有权"派生而来。财权是指企业对资金、资产及资源所拥有的支配权，包括控制权、管理权等。企业为了达到经济效益需尽其经济责任，国家或其主管部门应当赋予一定的财权作保障。

从纵向看，财权可以分为出资人所有权及法人财权，前者为企业所有者所拥有，后者为经营者所拥有，两者既有区别又有紧密联系。出资人所有权为终极财权，反映的是企业净资产权利，用会计语言表示为"资产 – 负债 = 净资产→终极财权"。[❶] 法人财权反映的是企业总资产权利，用会计语言表示为"净资产 + 负债 = 资产→法人财权"。终极财权无权随意支配企业财产，只能运用股东权利影响企业行为；而法人财权是依法享有对法人财产的占有权、支配权、收益权和处分权。由此可得，终极财权与法人财权是有本质区别的。同时，终极财权与法人财权又存在密切联系，首先，终极财权是法人财权存在的前提，如果没有股东资本投入即终极财权的产生，就不可能成立企业，更不可能有法人财权的存在；其次，法人财权衍生于终极财权，应一切都以终极财权的利益为首要目标，故法人财权必须合理配置，否则会影响终极财权，从而影响股东收益。

从横向看，财权可以分为财务控制权及财务收益权，前者是手段，后者为目的。财务收益权是目的，也是配置财务控制权的

---

❶　伍中信. 现代企业财务治理结构论：以财权为基础的财务理论研究 [M]. 北京：中国财政经济出版社，2010.

主要依据；财务控制权则是实现财务收益权的手段与重要保证。财务控制权进一步划分为财务决策权、财务执行权与财务监督权，财务决策权居于核心地位。出资者终极财权可分为财务收益权、财务决策权与财务监督权，这正是基于出资者在财务治理结构中拥有剩余索取权和剩余控制权而划分的，财务治理结构中出资者剩余索取权表现为财务收益权，出资者剩余控制权表现为财务决策权与财务监督权。企业法人财权可分为财务决策权、财务执行权与财务监督权，财权配置中三者必须相互均衡，否则必将导致财务治理效能下降。

企业经营活动中，财权是利益相关者关注的焦点。而企业中财务控制权，特别是重大财务决策权行使直接体现了出资者的意志。因此，企业所有权中，财权是核心；企业控制权中，财权决策权是首要。❶

四、财权配置理论

（一）财权配置含义

财权配置是指财权在不同利益相关者间的分配，并通过动态制衡以实现内部财务激励和约束机制。

上文提到财权＝财力＋权力，而财力相应的财务职能主要是筹资、投资、调节、分配及监督职能，与财力对应的财务职能即财权配置职能。财权的财力与权力是一个财务本质的两个方面，

---

❶ 何召滨. 国有企业财务治理 [M]. 北京：人民出版社，2012：39 - 42.

是不可分割的，资金运作的同时进行着财权配置，财权配置的同时伴随着资源配置。比如，筹资职能体现了财权流入，投资职能体现了财权流出，调节职能体现了财权重组，分配职能体现了财权分配，监督职能体现了财权监督。财权在所有者、经营者和管理者各层级间的分配上既相对独立又相互影响，为了确保公司财务管理效能，就需要在财务治理中采取各种相应的举措，以促进公司财务管理主体（两类不同相关利益者）有效积极参与治理。

（二）配置原则

1. 剩余索取权与控制权对应原则

剩余索取权与控制权对应原则是企业所有权安排逻辑的根本体现，也是财权配置的基本经济原则。

在"股东为主导的共同治理模式"下，作为主要的物质资本提供者和风险承担者，企业股东具有超然地位，其应享有主要的剩余索取权和控制权，体现在财权配置方面则是正常经营状态下对财务收益分配权和财务决策权的绝对占有。这一基本配置原则，也体现了财务学中风险与收益对等原则。企业债权人等其他利益相关者处于相对次要地位，在"股东为主导的共同治理模式"下，享有外在财务监控权、财务决策参与权以及重要的财务"相应治理权"，即在非正常情况下为保证自身财务利益，接管和控制企业财务，同时享有企业财务"剩余权利"，这也从根本上体现了"剩余索取权和控制权对应原则"❶。

---

❶ 何召滨. 国有企业财务治理 [M]. 北京：人民出版社，2012：140－142.

2. 权利主体内部有效激励约束原则

加强企业财务权利主体自身财务权利激励和有效约束效应是提高财权配置效率的关键。激励解决的是权利主体参与配置动力问题，约束则侧重于防止对企业财权过度占有。两者只有在各权利主体内部达到一定均衡，才能确定企业财务权利的最终分布。只有通过有效激励，充分调动企业各财务权利主体参与财权配置的积极性，使其积极要求并行使财务权利以保护自身利益，并在各主体加强约束自身行为的基础上，达到财权配置的一般均衡，才是财权配置的理想状态，才能真正提高财务治理效率。

此外，企业不同权利主体在遵循此原则时，侧重点应有所不同。对于强势权利主体如控股股东应强调其约束方面，因为其自身更有能力、更有动机在权利配置中过度占有，致使财务权利配置失衡；对于弱势权利主体如小股东应强调其激励方面，由于自身行使权利能力限制，其更有可能对财权具体配置持消极态度，习惯于"搭便车"，这将不利于财权配置的均衡，最终影响财务治理效率。

3. 权利主体之间有效制衡原则

事实上，仅仅有权利主体自身的"自律"是不够的，权利主体之间需要一定的权利制衡，才可能保证权利配置效力发挥。权利主体之间制衡涉及权利不兼容问题，即不同性质权利应由不同权利主体行使，这将有利于优化企业权利配置，达到权利之间的有效制衡。每个权利主体都具有扩张自身财务权利的冲动，将不同性质财务权利明确区分并划定界限，在权利主体不重叠的前提下，更容易制约某一主体权利过度扩张行为，防止财权配置失衡，达到财务权利主体之间的有效制衡。

这一原则在企业财务中具体体现了权利主体"权、责、利"相统一的思想。将企业权利主体享有的财务权利与相关责任、利益充分结合起来，在财务利益驱动下，能够提高权利主体有效行使权利的积极性，在相关财务责任约束下，能够促使财务权利配置更为协调，形成有效的制衡机制。

(三) 企业财权配置与制衡

现代企业一般是多级委托代理结构，为了不让单一权力主体或者少数权力主体掌握全部财权，企业应该按照财权分层结构研究股东、股东会、董事会、监事会、经理层等主要权力主体的财权配置。财务治理权一般包括财务决策权、财务执行权及财务监督权。

1. 股东的财权配置

我国《公司法》第 4 条规定，股东作为出资者按投入公司的资本额享有所有者的资产收益、重大决策和选择管理者的权利。其权利具体表现为对受托代理人的选择权、重大财务决策权、财务收益分配权、财务监督权以及对代理人财务激励形式和水平的决定权等。

股东常常保留了一些审查权和否决权，比如，对董事、监事的选择权和合并、增资及新股发售等事项，将管理控制职能授予董事会，将监管职能授予监事会，公司的决策管理职能赋予企业经理阶层。但董事会仍然保持着对管理员工的权利，涉及企业决定的酝酿、决策审查以及对高级管理员工的聘用、辞退及选择他们的工资水平的权利。

2. 股东大会的财权配置

股东大会由全体股东组成。股东大会是公司的最高权力机构。《公司法》第 103—104 条指出，股东大会对修改公司章程、增加或者减少注册资本的决议，以及公司合并、分立、解散或者变更公司形式的作出决议，对公司转让、受让重大资产或者对外提供担保等事项必须经股东大会作出决议。股东大会是最大的职权部门，掌握决定经营者、重要运作决策以及资产收益的决定能力。

股东大会的财权主要有：（1）财务决策权，如决定公司的经营战略，决议董事和监事的报酬事项，审议批准公司的年度财务预算方案、决算方案，对公司形式变更作出决议；（2）财务收益分配权，股东大会审议批准公司的利润分配方案与弥补亏损方案，是股东大会所特有的一项财权，是无法进行分配和共享的；（3）财务监督权，主要是对董事会的财务监督权。

3. 董事会的财权配置

董事会由全体董事组成，其成员应当有公司职工代表，公司职工代表由公司职工通过职工代表大会、职工大会或者其他形式民主选举产生。董事会是公司的最高决策机构和股东大会的执行机构，主要行使对公司法人财产的占有权、使用权、收益权和处置权。

董事会的财权主要有：（1）财务决策权，如决定公司的经营计划和投资方案，决定公司内部管理机构的设置，决定聘任或者解聘公司经理及其报酬事项，并根据经理的提名决定聘任或者解聘公司副经理、财务负责人及其报酬事项；（2）财务执行权，如制订公司的年度财务预算方案、决算方案，制订公司的利润分配方案和弥补亏损方案，制订公司增加或者减少注册资本以及发行公司债券的方案，制订公司合并、分立、解散或者变更公司形式的方案，制定公司的基本管理制度；❶（3）财务监督权，主要是对公司经理的经营绩效评价。

4. 监事会的财权配置

监事会是对董事会和公司管理人员行使监督职能的组织。监事会财权主要为财务监督权，其中一方面是对董事会、经营管理层的监督以及对公司财务会计监督。具体包括：检查公司财务；对董事、高级管理人员执行公司职务的行为进行监督，对违反法律、行政法规、公司章程或者股东会决议的董事、高级管理人员提出罢免的建议；当董事、高级管理人员的行为损害公司的利益时，要求董事、高级管理人员予以纠正等。❷

5. 经理层的财权配置

经理层是公司日常经营管理的组织者，主要由董事会聘任，董事会和经理层之间是典型的委托代理关系，在董事会授权范围内负责公司经营事项。

经理层的财权主要有：（1）财务决策权，如经董事会授权进行日常性投资融资权以及日常的资产交易处理权等；（2）财务执行权，如组织实施董事会决议，包括制订投融资方案、利润

---

❶ 《公司法》第 46 条。
❷ 《公司法》第 53 条。

分配方案以及年度经营计划等；（3）财务监督权，主要是对下属部门等的监督权。

第二节　科研院所财权配置

一、科研院所财权配置的必要性

科研院所是以研究与开发活动为主要组织功能的创新主体，它与政府、大学、企业等公私部门协同创新形成国家创新体系。早在计划经济时代下，中国科研院所作为国家指令性科研任务的承担者，主要围绕国家战略需求进行单向的科技攻关，与产业界距离较远。市场经济改革后，科研院所这种依附于行政体制、产研分离的特点使科技与经济相脱节的问题凸显。为解决上述问题，1984 年，国家科委、国家体改委联合开展开发研究单位的有偿合同制试点，自此开启中国科研院所改革。其后科研院所的市场化改革目标被明确与不断强化，科研院所被赋予适应市场需求，服务经济建设和社会发展的新定位，如 1988 年鼓励科研院所引入竞争机制，1994 年放开放活科研院所以市场为导向运行，1996 年推动科研院所面向经济建设主战场，1999 年推进科研院所转制改革，2003 年深化产权制度改革等。❶

---

❶　王福涛，蔡梓成，张碧晖，等. 中国科研院所改革政策工具选择变迁研究[J]. 科学学与科学技术管理，2021（42）：19－25.

近年来，国家大力推进"放管服"改革，科研院所属于知识技术密集、高层次人才集中的科学事业单位，承担着国家关键领域核心技术攻关任务和人才培养任务。2016 年出台的《关于进一步完善中央财政科研项目资金管理等政策的若干意见》，聚焦科研资金管理存在的突出问题，推出了一系列有针对性的改革举措。2021 年 8 月，国务院办公厅印发的《关于改革完善中央财政科研经费管理的若干意见》（国办发〔2021〕32 号）在全面归纳以往科技领域"放管服"改革措施的基础上，进一步大幅提升"放管服"改革的力度，要求经费主管部门实施以信任为前提的科研管理机制、创新科研经费的管理和使用方式。具体表现在：经费主管部门下放经费管理权限、提高课题间接费用比重、下放预算调整审批权限、扩大经费承担单位科学研究自主权、赋予科研人员更多经费支配权。

面对"放管服"大环境，科研院所需要建立产权清晰、权责明晰、事企分开、管理科学的法人治理结构，完善经费管理规章制度，完善内部控制操作流程，增强对经济业务重大风险的预防、防范和应对能力，扎扎实实承接好上级部门下放的权力，避免出现权力放任无监管局面。尤其在财务体制改革方面，科学合理的科研院所财务管理体制能够有效地控制科研经费运行情况，而财权是科研院所利益相关各方对于组织内部资金运动、财务关系等财务活动的控制权，可以具体化为财务决策权、财务执行权、财务监督权。财务治理的核心是财权配置，科研院所通过配置财务治理主体的财权并建立与之相适应的制衡机制，探索财务治理合理的有效路径，是深化科研院所财务管理体制改革的重要途径。如何将财务决策权、财务执行权和财务监督权在科研院所主体之间进行合理配置是科研院所财务治理问题的核心。

二、科研院所的"利益相关者"

"利益相关者理论"是产生于经济活动和企业管理中的一个重要理论，对公司治理产生深刻的影响。"利益相关者理论"认为公司经营目标不再仅仅关注股东利益最大化，而是追求企业所有利益相关者的利益最大化。随着理论的不断发展，"利益相关者"概念不再局限于公司企业治理，也被人们用在了科研院所治理分析。威廉森（Williamson）和米切尔（Mitchell）将科研院所的利益相关者分为所有者、管理者、科研人员、科研成果使用人和科研资金提供人。根据文献相关理论，科研院所治理的利益相关者可以从内外部两方面分为以下4个主体，分别是国家和政府相关部门、院所内部、外部学术共同体和市场。国家和政府相关部门及院所内部为内部利益相关者，外部学术共同体和市场为外部利益相关者。其中国家和政府相关部门既是所有者、科研成果使用人，也是科研资金提供人。国家和政府相关部门为科研院所提供资金上重要的支持，而其最大需求是社会利益最大化和我国科研水平和综合实力的提升。院所内部包括科研、行政系统工作人员，主要承担科研人员和管理者的角色。其中科研系统工作人员从事教学科研活动，行政系统工作人员提供支撑服务工作。外部学术共同体包括高校和其他科研机构，与科研院所既是竞争关系又是合作关系，其最大需求是提高自身科研的能力。市场包括企业和社会公众，是主要的科研成果使用人。其中社会公众主要是追求社会福利，而企业有储备人才的需求、获取科学技术成果的需求以及自身发展的需求。企业在获得人才支持和技术支持（包括新产品生产技术）的同时，也增强了自身的技术创新能力，提高了市场竞争力，从而推动企业自身的发展。

三、科研院所财权配置的内涵和特点

（一）科研院所财权配置的内涵

科研院所财务治理涉及国家与社会政治、经济、历史、文化等方方面面，是极为复杂的实践问题。科研院所财务治理是指通过科研院所财权在利益相关者之间的不同配置，来协调利益相关者在科研院所财务体制中的地位及其影响的一系列制度安排，以实现权力的制衡和效益的提高。其中，财权包括财务决策权、财务执行权和财务监督权。由此可见，科研院所财务治理是对公共利益主体在财务活动中责、权、利相互制衡的一种制度安排。

科研院所通过合理配置财务治理主体的财权，坚持集权与分权相结合、事权与财权相统一的原则，建立责权利相结合的经济责任制，使科研院所的财经工作和财务活动在党委书记、院长、分管财务院领导以及院财务部门负责人组织下顺利进行。科研院所财权配置如表 1 所示。

表1 科研院所财权配置表

财务治理主体	财 权
政府主管部门	财务监督权
党委会、院务会	财务决策权
纪委、纪检办公室、审计部门	财务监督权
科研部门、行政部门、科辅部门等	财务执行权
职工	财务执行权

（二）科研院所财权配置的特点

1. 集权与分权的有效选择

财务管理体制的核心在于对集权与分权的有效选择。科研院所的院级与二级部门所级之间，不同于中央政府与地方政府，也不同于母公司与子公司，因为二级部门不是具有"决策权"的实体，而是只有"执行权"的部门。这个关键点是研究科研院所集权与分权问题必须注意的，也是研究高校财务管理体制必须注意的。

我国学者关于高校财务管理集权和分权的论述主要包括：曹勇以高校为研究对象，提出在分权、授权分级管理的模式下，通过全面预算管理，以学院为内部独立核算单位，赋予学院一定的财权，并分别制定相关的可操作性的考核指标体系，财务处作为学校财务管理的职能部门，对院系二级预算进行动态的过程监控，对院系履行相应责任的情况进行目标考核，充分调动各院系的积极性。❶ 谢志华指出，"最好的集权就是有效的分权、分权

---

❶ 曹勇. 高校财务管理体制改革研究：以校院两级财务管理为例 [D]. 石河子：石河子大学，2008：58－60.

职责明确，并相互协调一致本身就实现了集权的要求。这两者之间尤其要调剂有度，协同使用。而有效控制此'度'的根源就在于，明确财务审批者的权、责、利。这个无形的尺度使集权与分权并存而不产生矛盾，谁的权责所在，谁来控制财权。清晰界定各自的权、责、利"。❶

科研院所财务管理体制中首先是"统一领导，集中管理"，体现的是集权，院级在财权配置管理中具有绝对的统一决策权，被赋予财权和事权的研究所和行政等其他部门必须按照院级统一的管理制度和规范执行财务管理工作，比如国库集中收付制度、部门预决算制度等，并在内部院纪委、审计部门和外部政府主管部门的监督下开展工作。其次是适当分权，科研院所的预算由院本级预算和二级预算组成，科研院所的基本支出和项目支出等实行二级预算管理，在部门预算框架下将二级预算的权力下放至各承担部门（项目）编制并执行，并对各部门（项目）的预算执行过程进行控制和绩效考核。科研院所科研经费实行"统一领导、分级管理、责任到人"的财务管理体制，院长承担领导责任，各科研部门和行政部门承担监管责任，项目负责人承担直接责任。

2. 财权与事权的有机统一

财权与事权的概念首先来自财政。许毅、陈宝森指出，"财权和事权也是联系在一起，我国的社会制度决定国民经济的主体是国营企业与事业。国营企业和事业归哪一级管理，即事权放在哪一级，财权也相应放在哪一级……地方财权的大小和中央划给

---

❶　谢志华. 财务管理的集权与分权 [J]. 北京经济瞭望，2000（9）：40‑41.

地方的事权应当一致起来……地方财权的大小，表现在事权的划分上，反映在各项支出的支配权上"。● 李刚认为，"事权和财权的概念为中国财政理论所特有，国际财政分权理论基本上不使用这样的表述。这一理论和概念的形成，与中国计划经济历史密切相关。事权和财权及两者的统一，比较权威的表述，是财权和政权总是联系在一起，有政权就必须有财权，否则无法实现其政治经济任务"。●

事权是按照各部门的职能分工、业务性质进行划分，并以经济责任的形式体现，同时通过业绩考核对其经济责任履行情况进行评价。但是，事权的行使和经济责任的履行必须有财权作保障，才能有效保证各预算单位严格按预算完成预定目标，各司其职。事权是本质，财权是保障，赋予财权才能使事权得以落实。财权集中表现在收入权和支出权两方面，各责任部门履行其职责就必然发生支出，即通过支出行使事权。所以，要考核其业绩就必须使行为人能通过支出权的行使调整其行为，以实现预算目标。否则脱离了财权的事权就是一种空洞的权利，履行职责就是一种被动行为。●

在科研院所日常运行过程中，事权是按照各科研部门、行政部门和科辅部门等职能和业务进行划分，而事权的履行必须有财权作为保障。各部门行使事权并保证部门正常运转安排的相关事

● 许毅，陈宝森. 财政学 [M]. 北京：中国财政经济出版社，1983：34.
● 李刚. 解读"事权与财权统一" [J]. 辽宁经济，2006 (10)：14.
● 乔春华. 财权配置是高校财务管理体制的核心：论高校财务管理体制研究 [J]. 会计之友，2011 (5)：108 – 109.

务，例如科研经费申请、科研仪器设备采购、会议室使用、办公用品采购等，这些都需要一定的经济支持，即各部门在编制二级预算时应予以考虑。所以，事权是本质，财权是保障，赋予财务治理主体事权的同时也赋予其财权。

四、科研院所财权配置的要素

伍中信认为财务学的研究应从财务的二重性——经济属性的资金运动与社会属性的产权契约关系相结合来进行考察。[1] 就科研院所而言，传统的财务管理以资源配置为核心，仅从数量层面来对财务的经济属性进行分析，从而强调对财务管理活动的研究，如优化支出结构、合理分配预算、规范预算执行等。现在的科研院所财务治理是用以平衡利益相关者之间财务关系的设计和安排，包括科研院所内部的财务决策、财务监督和财务执行过程，也包括外部财务治理要素在内部财务治理过程中的嵌入和协同。财务治理的核心是财权配置。科研院所财权配置是指科研院所在合法运作的过程中对财务资源使用权力的分配，强调科研院所财务经济属性中的财权，体现在科研院所内部资金、资产、资源活动中的动态变化。

科研院所财务的基本职能是收入、预算、支出、调节、绩效、监督，这些基本职能无不体现着科研院所财权的配置，构成财权配置过程中的六大要素，分别是：收入是财权配置的对象；

---

[1] 伍中信. 现代公司财务治理理论的形成与发展 [J]. 会计研究，2005（10）：13.

预算是财权配置的载体；支出是财权配置的分配；调节是财权配置的重组；绩效是财权配置的评价；监督是财权配置的保障。

（一）收入——财权配置的对象

科研院所各项收入是财权的流入过程，是财权配置的主要对象，主要指科研院所为开展业务及其他活动依法取得的非偿还性资金。一是财政补助收入，即科研院所从本级政府财政部门取得的各类财政拨款。二是事业收入，即科研院所开展专业业务活动及其辅助活动取得的收入，包括：①科研收入，即科研院所开展科研活动及其辅助活动取得的收入；②技术活动收入，即科研院所对外提供技术咨询、技术服务等活动取得的收入；③学术活动收入，即科研院所开展学术交流、学术期刊出版等活动取得的收入；④科普活动收入，即科研院所开展科学知识宣传、讲座和科技展览等活动取得的收入；⑤试制产品活动收入，即科研院所试制中间试验产品等活动取得的收入；⑥教学活动收入，即科研院所开展教学活动取得的收入。其中，按照国家有关规定应当上缴国库或者财政专户的资金，不计入事业收入；从财政专户核拨给科研院所的资金和经核准不上缴国库或者财政专户的资金，计入事业收入。三是上级补助收入，即科研院所从主管部门和上级单位取得的非财政补助收入。四是附属单位上缴收入，即科研院所附属独立核算单位按照有关规定上缴的收入。五是经营收入，即科研院所在专业业务活动及其辅助活动之外开展非独立核算经营活动取得的收入。六是其他收入，包括投资收益、利息收入、捐

赠收入、非本级财政补助收入、租金收入等。❶

上述各项收入体现了科研院所收入总规模、收入结构以及收入渠道和方式。科研院所收入总规模反映了财权的配置总量，即科研院所部门预算总盘子就是科研院所财权配置总盘子；科研院所收入结构反映了财权的配置比例，即科研院所内的预算分配标准及比例就是财权配置标准及比例；收入渠道和方式反映了财权的配置质量，不同收入渠道方式反映了财权的不同配置与安排。

财权流入的最终目的是要保证科研院所正常运行的资金需要，只要使科研院所财权实现合理配置，财务治理自然也就达到了最优状态。

（二）预算——财权配置的载体

预算的编制和执行在财权配置中起主导作用和指挥棒作用。《教育部 财政部关于"十一五"期间进一步加强高等学校财务管理工作的若干意见》（教财〔2007〕1号）指出"应加强预算管理与控制，强化预算的权威性与严肃性，充分发挥预算在高校资源配置中的主导作用……将预算执行的具体责任分解到校内各单位、各部门"。财务管理体制是国家预算管理体制的具体化，预算可视为单位经济活动的指挥棒。预算管理体制作为财务管理体制的核心，预算管理体制在财权配置中起着非常重要的作用。

在编制预算时，往往采用经济学上的"切蛋糕"理论，即国民收入总量常常被经济学家形容为一个蛋糕，而收入分配则被

---

❶ 《科学事业单位财务规则》第20－21条。

形容为切蛋糕。怎么切割并分配蛋糕是一个变量，切多切少、怎么分配都需要考虑多种因素。其实也可以理解为蛋糕就是财权，切蛋糕理论也就是财权配置理论。科研院所预算的编制过程，是指确定科研院所财务资源"蛋糕"的规模以及"切蛋糕"的过程，"蛋糕"的规模及其分配原则在预算编制中都需要获得合理的解决。由此可见，预算是财权配置的载体。预算能够综合规划科研院所的财务资源，从资金分配关系上对科研院所各研究所、行政部门等进行协调处理，有效配置有限的资源。

科研院所年度预算是科研院所在全年任务和事业发展计划的基础上，根据科研院所财务实际状况的预算管理体制，运用财权配置编制全年的财务收支计划，用货币形式体现科研院所在全年内必须完成的工作任务和事业计划，也是科研院所顺利开展组织收入和控制支出的基础依据，是科研院所财务工作的核心，可以准确反映出科研院所相关的工作规划的方向和规模。科研院所预算正式确定以后，应指挥科研院所经济工作的运行。

（三）支出——财权配置的分配

财务支出就是将财权运用的结果在各利益主体之间进行分配的过程，也就是财权的分配过程。科研院所财务支出是指单位开展业务及其他活动发生的资金耗费和损失。科研院所应当将各项支出全部纳入单位预算，实行项目库管理，建立健全支出管理制度。科研院所预算分配是指学校严格遵循"二上二下"的预算编制原则，将资金、资产、资源在院内进行科学、合理分配的过程，是科研院所动态财务治理的中心内容。具体而言，科研院所预算分配是一个财权配置的过程。

科研院所支出的结构主要由以下几方面构成：一是事业支出，即科研院所开展专业业务活动及其辅助活动发生的基本支出和项目支出。基本支出是指科研院所为保障其单位正常运转、完成日常工作任务所发生的支出，包括人员经费和公用经费。项目支出是指科研院所为完成其特定的工作任务和事业发展目标所发生的支出。二是上缴上级支出，即科研院所按照财政部门和主管部门的规定上缴上级单位的支出。三是对附属单位补助支出，即科研院所用财政补助收入之外的收入对附属单位补助发生的支出。四是经营支出，即科研院所在专业业务活动及其辅助活动之外开展非独立核算经营活动发生的支出。五是其他支出，即上述规定范围以外的各项支出，包括利息支出、捐赠支出等。❶ 因此，科研院所在预算分配过程中，需要充分考虑财源与财权之间的对应关系，以及科研院所内部各财权主体之间的责任关系，只有在各类财源主体之间作出合理的财权配置，才能使预算分配更具有科学性和效益性。如坚持"权、责、利"相统一的原则，部分事项应当明确由科研院所和内部各部门之间承担的支出责任，做到事权、财力与支出责任相适应。❷

（四）调节——财权配置的重组

在科研院所预算执行中，由于政策、形势等发生变化，或因

---

❶ 《科学事业单位财务规则》第 24 条。
❷ 王洪峰. 战略视角的高校财务分析体系构建分析 [J]. 财会学习，2021（29）：31 – 33.

项目本身存在的执行进度较慢、绩效目标不能完成等问题，需要对现有预算安排进行预算调整。调节即预算调整，预算调整并不是直接完成的，而是采取预算绩效运行监控等方式，通过从科研院所资金、资产、资源存量上改变和优化支出结构，然后根据科研院所收入的分配方向和分配比例改变科研院所财权分配结构实现科研院所财权的优化重组。因而，科研院所预算调整实质上是一个"改变—再改变—优化—再优化"的过程，即一个"否定—再否定—否定之否定"的过程，正是这种否定之否定规律的运用使得财权在科研院所资金运动过程中一种良性循环，是财权不断优化重组的配置过程。具体而言，从科研院所财务治理结构来看，科研院所预算调整事项根据是否属于"三重一大"事项范围，由科研院所院务会及科研院所党委会集体研究决定，且严格接受审计、纪检等科研院所财务治理监督机构的检查；从科研院所财务治理运行机制来看，预算调整是落实预算绩效管理、实行预算绩效监控的过程反映，是最能直观体现科研院所财权配置的管理环节。而在这个否定之否定规律运用的同时也就是科研院所财权不断重新配置的过程。

（五）绩效——财权配置的评价

绩效评价是政府预算管理新推出的一种管理形式，贯穿预算编制、执行、监督的全过程，把资金、资产、资源分配的增加或减少与绩效的提高或降低紧密结合的预算环节。绩效评价可以优化财力资源，评价预算内资金分配和使用是否合理、规范，注重支出结果，节约财政资金，从而有效地提高财政资金的管理水平和使用效益，为财务治理创造良好的环境。

行政事业单位实施预算绩效管理的目的是改进预算管理，优化公共资源配置，节约成本，为社会提供更多、更好的公共产品和服务，提高预算资金使用效益。科研院所将预算编制、执行和监督环节全部纳入预算绩效管理中，形成一条全过程绩效管理工作链，通过建立绩效评价机制、加强绩效目标管理、做好预算运行监控、开展绩效评价和结果应用等环节，推动各类资金、资产、资源聚力增效。预算绩效评价主要通过产出指标、效益指标和满意度指标构成的，这些绩效指标是科研院所各类收入在其事业发展过程中使用情况的绩效评价标准，实际也是对财权运用方面进行绩效考评。因此，科研院所预算绩效评价结果其实也是财权运用的结果，绩效考评结果应用及再分配是财权在各收入主体之间及内部的分配过程，也是科研院所财权再分配过程。

科研院所应围绕单位职责和中长期事业发展规划，建成"预算编制有目标、预算执行有监控、预算完成有评价、评价结果有反馈、反馈结果有应用"的具有行业特点的全面预算绩效管理体系，深化预算管理领域改革，对全部资金开展绩效评价，建立"事前"绩效评估机制，做好"事中"绩效运行监控，开展"事后"预算绩效评价，实现预算管理与绩效管理深度融合，提高资金使用效率。

（六）监督——财权配置的保障

科研院所是科研项目资金管理使用的主体，应强化法人责任，动态监管资金使用并实时预警提醒，确保资金合理规范使用。科研院所财务监督是指依据国家法律法规、行业规章制度及部门内部预算、核算、决算规则制度等，对科研院所财政财务收支活动、经济效益和遵纪守法情况进行检查、控制和督促。科研院所财务监督应当实行事前监督、事中监督、事后监督相结合，日常监督与专项监督相结合。

目前，对科研院所经费使用情况、内部管理情况和干部履职情况等评价的主要形式是内部审计，以确定上述情况是否符合有关制度规定和标准，是否合理且有效率地使用了科研院所各类资金、资产、资源，是否完成科研院所事业发展绩效目标和组织目标等；对科研院所预算执行与财务运行情况、领导干部经济责任履行情况等进行监督检查的主要形式是外部审计，分别是预算执行与决算情况审计和领导干部经济责任审计。

要充分发挥财务监督职能，必须对财权中的财务监督权进行有效的配置，除了要在财务治理体系中设置独立的审计部门等财务治理监督机构外，还要将审计监督职责运用至科研院所财务治理全过程中。财务监督权主要有两大监督体系：一是内部财务监督体系，包括横向财务监督、纵向财务监督等内部审计监督和员工财务监督。其中，横向财务监督是在科研院所治理结构内部相平行的组织机构之间进行的财务监督和约束行为，即科研院所应当建立健全内部控制制度、经济责任制度、财务信息披露制度等监督制度，依法公开财务信息，按规定编制和报送内部控制报告。纵向财务监督是在科研院所内部上级组织或个人对下级组织或个人的财务监督约束行为，比如，以领导干部经济责任履行为主的经济责任审计，开展招标采购、合同管理、基建工程等专项审计，开展中层领导干部任中、离任经济责任审计等。二是外部财务监督体系，包括依法接受主管部门和财政、审计部门的监督等。我们只有将财务监督权在各利益相关者之间进行合理的配置，才能够形成完善的监督体系，从而有效地实施财务监督。

综上，科研院所应坚持内外结合，综合运用巡视、审计、教育督导、信息公开、内部控制等多种手段，以事前、事中、事后为着力点，对预算管理、收支情况、资金使用等重要事项、重点支出、重大金额、重要风险点进行严格监管，确保资金、资产、资源安全规范有效使用。科研院所只有将财务监督权在科研院所财务治理体系中进行合理的动态配置，对科研院所财权运行情况进行动态的监督与制约，才能够形成完善的、有效的科研院所财务治理体系，从而实施有效的科研院所财权监督。

第三节　科研院所财权配置
存在的问题及成因分析

随着经济的发展和社会的进步，科研院所的收入规模不断扩大，收入来源和支出项目日益多样化，这些都意味着科研院所财权配置的复杂程度不断提高，传统的财权配置模式将抑制或阻碍科研院所财务治理的积极作用。因此，优化财权配置在科研院所财务治理过程中具有不容忽视的重要性。优化财权配置，首先需要明确目前科研院所财权配置现状、存在的问题及原因，经过调研分析，科研院所财权配置主要存在"去行政化"不充分、财务治理结构不完善、行政效力不足、财权制衡机制缺乏以及财务信息未完全披露等问题。

一、"去行政化"不充分，产权不明晰

计划经济时期，我国科研院所一般采用行政型治理模式，即由政府掌握所有权并通过行政权力参与运营，依靠的是行政机构赋予的权力以及自上而下的层级式权力结构。这种治理模式在处理政治不确定性方面具有比较优势，能够高效执行政府意志，集中全国力量完成重大科技攻关项目。但随着经济下滑，政府对于科研院所的支持逐渐减弱，而科研院所的现有治理模式和体制过于依赖政府的经费支持，因此，随着社会的日益发展，这种体制所带来的问题逐渐凸显出来，科研院所的科研产出效率开始出现整体下滑的迹象。

党的十八届三中全会《中共中央关于全面深化改革若干重大问题的决定》明确指出，加快事业单位分类改革，加大政府购买公共服务力度，推动公办事业单位与主管部门理顺关系和"去行政化"，创造条件，逐步取消学校、科研院所、医院等单位的行政级别。建立事业单位法人治理结构，推进有条件的事业单位转为企业或社会组织。建立各类事业单位统一登记管理制度。为推动科研院所法人化管理，科研院所的"去行政化"改革势在必行。

（一）政府与科研院所关系错位

从我国科研院所改革的实践来看，公立科研院所作为政府公共服务职能的载体，政府意愿变成其活动开展的唯一导向，科研院所实施"党委领导下的院长负责制"决定了政府权力和政治权力分布在科研院所运营管理的每一个角落，科研院所内部权力划分也都围绕党政权力进行。目前的改革与科研院所真正实现学术独立和自主的法人实体地位的要求相差还很远，科研机构内部设立的学术机构由于没有学术事务的最终决定权，异化为行政领导或行政机构管控学术的代言人。科研机构的资源分配权完全掌控在行政领导手中，学术事务被间接地行政化。科研经费申请、项目评审及验收、科研人员业绩考核等均由"党委会"和"院务会"决定，学术组织处于虚位。

（二）科研院所产权代表缺位

科研院所的产权虽归国家所有，但没有明确的产权代表，法律法规也没有明确规定政府主管部门应作为科研院所产权代表履行所有者的职能，致使科研院所的产权缺乏真正的所有者。科研院所领导层集代表所有者和管理者的委托人于一身，导致科研院所来自所有权的外部经济监督被弱化，科研院所事业发展规划等重大事项通常是由各科研院所领导层决定，上级政府主管部门则仅仅处于形式上的审批或者提醒过问的次要地位，因此，科研院所产权代表缺位所带来的后果很严重。

目前，科研院所改革存在政策不配套、不落实现象，公益类院所管理僵化、活力不足，开发类院所转制后行业定位不清等问题也日益暴露。各种有形或无形的限制在制约着科研院所作为独立法人作用的发挥，科研院所的独立法人资格并没有在实践中得以充分体现和运用。因此，我国部分科研院所独立学术的法人地位还没有完全建立起来，作为政府附属机构的地位没有得到根本性的改变。科研院所过分依赖政府的情况没有得到明显改善，政府对科研院所进行宏观管理的目标还难以实现。科研院所的资金管理权利与义务依然分离，科研院所独立科研的法人地位很难得到有效保障。

二、财务治理结构不完善，财权配置难以发挥作用

随着政府会计制度改革、深化预算管理改革、推进预算绩效管理等政策方针的不断深入，财政部及有关部门提出了关于加快推进财务治理能力现代化的新要求。在这种形势下，科研院所内部需要不断完善财务治理结构、财务治理机制等一系列制度建设，以适应国家政策方针和宏观经济环境的变化。

目前，我国科研院所的治理结构实行党委领导下的院长负责制。院党委会是科研院所的最高决策机构，院长是科研院所行政负责人和法定代表人，院务会议是科研院所行政议事决策机制，负责审议拟提请院党委会会议讨论决定的有关重要事项，部署落实院党委会有关重大决议；纪律检查委员会是科研院所的监督机构，另外，还有学术委员会，其职能是对学术问题进行评审并做出决定，并对院长在学术事务方面进行制衡。

在这一治理结构下，财务决策权集中于科研院所党委会，财务执行权集中于院务会，财务监督权集中于纪委和审计部门。这一财务治理结构存在的问题主要有以下四个：

一是现阶段科研院所执行的是党委领导下的院长负责制，重点是党委的决策权力和院长直接干预的执行。在科研院所现有的财务系统下，政府部门对科研院所的管理未能适应宏观管理的形势，导致财权管理分立的权利和义务，政府和科研院所之间完整的委托代理关系被打破，限制了科研院所财务管理的自主性及独立性。

二是科研院所的财务管理工作主要由分管副院长负责，重大财务事项由党委会或院务会研究确定，这些机构的成员主要是政府任命的科研院所管理者，而缺少职员代表、附属单位等其他利益相关者的代表，因此他们做出的决策往往不会关注其他利益相关者的利益，甚至对他们的利益造成损害。

三是党委与院长的责权不明确，在我国实行党委领导下的院长负责制是党对科研院所领导这一政治原则的充分体现，但我国科研院所在具体实践中存在党政不分，院长、书记一人兼任等诸多问题，"因责权分离，院长难以真正负责"。

四是监督机构监管不力，科研院所的财务监督机构往往作为下属部门，缺乏应有的独立性，无法起到相应的监督约束作用。

综上，科研院所财务治理体系和治理能力现代化水平总体上与高质量发展要求还不完全匹配，缺乏一套完善的财权配置制度体系以及以"财权制衡"为核心的财务治理机制。

三、行政效力不足，利益相关者共同治理乏力

科研院所财务治理主体是有权参与财权配置的各利益相关

者，包括政府主管部门、科研部门、行政部门、科辅部门、职工等。要确保财权与事权相匹配，需要明确利益相关者的构成、职责及其重要性。只有明确利益相关者的网络之后，财权配置才能得到真正的优化。然而，目前我国科研院所普遍存在共同治理乏力的问题。科研院所行政部门的基本职能是为科研部门及人员提供服务，两者共同制定科研院所的发展战略，从而保证科研院所具有科学研究、决策服务等能力。但现实情况是科研部门与行政部门之间的信息交流不够及时和通畅，这一现状将会导致行政部门履行管理职责时失去实际依托，降低决策的有效性和公信力，削弱科研院所科研行政应有的协同作用。

预算是财权配置的载体，在财权配置过程中发挥主导作用。在财务治理方面体现为财务部门通过编制预算来配置财权，以期达到财权充分有效落实的目标。由于财务部门作为服务支持型管理部门，通常不具有足够的行政权力，没有配套的预算执行刚性要求和激励手段，导致预算效力不足，执行力度降低。此外，制定预算的过程主要体现了信息自上而下的单向传达，不符合"治理的双向互动"，可能使预算与实际事权分配产生偏离，进而降低预算在部门之间的公信力。

四、财权制衡机制缺乏，治理效率低下

科研院所财务工作的理念由传统的"核算型 + 管理型"财务管理模式向"管理型 + 治理型"财务治理模式变革，迫切需要通过配置科研院所财务治理主体的财权并建立与之相适应的制

衡机制。然而，目前激励制度的缺失、不完善的问责机制及财务监督机构约束作用不强等问题造成科研院所的"内部人控制"现象以及科研院所内部负责人意志取代民主决策和管理等现象屡见不鲜。

（一）缺乏有效的内部激励机制

目前，一些科研院所主要以薪酬作为手段实施激励，以此稳定科研队伍，却忽视了科研人才发挥创新才能的工作环境和个人发展空间等方面，使得整个科研院所活力不足，内部效率低下，运行陷入困境。事实证明，产生这些现象的主要原因在于不能形成有效的内部激励机制来激发院长管理和科研人员积极性，从而影响科研质量，降低了科研院所的发展竞争力。

（二）缺乏完善的问责机制

问责机制指科研院所领导层对既定目标的完成需要承担的职责和义务履行情况，并要求其承担否定性后果的一种责任追究制度。科研院所建立完善的问责机制能够做到权责分明并能保障各项工作顺利进行。但是一些科研院所并没有引起足够的重视，科研院所经济决策仍有很大的随意性。我国大部分科研院所实行"统一领导、集中管理（分级管理）"的财务管理体制。这种管理模式对落实科研院所问责机制起到了重要作用。然而在实际执行过程中，一些科研院所由于法人治理结构不完善，缺失约束和激励机制，导致财务管理人员权责不匹配，工作出现各种问题。反之，没有完善的问责机制，如果工作中出现决策或者管理等问题，经济责任就无法真正落实，就会逃避问题。

（三）缺乏长效的监督机制

目前，一些科研院所对财务监督的工作认识不够，比如，在财务管理上只重视业务，忽视监督；在资金使用上只重视收入，忽视支出等。科研院所内部审计部门的监督职能没能真正发挥作用，比如，当财务发现问题后才审计；当领导干部在任期间，很少或根本不对其经济责任进行常规性的审查，离任后才进行经济责任审计，没有起到事前和事中审计的预防作用等，上述这些都是因为缺乏有效的监督机制来督促科研院所的经济行为。

五、财务信息未完全披露，利益相关者信息不对称

随着科研院所的收入规模不断扩大，收入来源和支出项目日益多样化，科研院所利益相关者也发生了很大的变化，他们需要掌握和了解科研院所财务会计信息，比如财政部门希望通过科研院所披露的会计信息了解财政拨款的管理和使用情况；税务部门希望通过科研院所披露的相关信息，检查科研院所是否认真贯彻执行了国家的税务法规和税务制度；合作单位希望通过科研院所披露的会计信息了解其科研实力、声誉、产业化发展的情况等信息。

一方面，政府部门和其他利益相关者的合作与科研院所财务信息的披露息息相关；另一方面，在激烈的市场竞争条件下，科

研院所领导要通过获得财务信息才能做出正确的运作发展决策。但是我国科研院所财务会计信息披露的标准尚未建立，目前我国科研院所的财务信息披露主要是面向上级政府主管部门和财政部门，不对外公开。其他利益相关者基本上没有信息通道了解科研院所财务信息。这就导致利益相关者获得信息的渠道不通畅，科研院所向他们提供的信息远远无法满足各利益相关者的决策和监督需要，信息不对称现象严重。根据委托代理理论，信息不对称是造成代理问题的主要原因，很容易使科研院所领导者产生"逆向选择"和"道德风险"等问题。

此外，我国科研院所还存在大量不规范信息披露现象，如在披露的内容和格式、会计政策选择与变更、重大事项对科研院所造成的影响等方面，这也使得不同科研院所披露的会计信息缺乏可比性。

第四节 科研院所财权配置的优化路径

为解决科研院所财权配置及落实中存在的问题，科研院所通过优化配置财务治理主体的财权，坚持集权与分权相结合、事权与财权相统一的原则，建立责权利相结合的经济责任制和科学的财务治理制衡机制，构建全方位的网络治理模式，完善强有力的财权监督，强化财务治理基础能力建设，提升财务治理专业化水平，具体从以下五个方面优化财权配置。

一、加速推进"去行政化"进程

科研院所"去行政化"的实质是理顺科研院所与政府部门之间的关系，根据科研活动规律设计内部治理结构，进一步明晰行政体系和学术体系各自的工作职权，形成以专家治学、学术至上、院所自治、民主管理为主导架构的科学研究生态。郭向远认为，"去行政化"就是要构建一种平衡治理机制，要加快建立和完善现代科研院所制度，落实科研机构的管理自主权。❶

科研院所行政泛化的主要原因是行政职权过大，以致学术权力让位于行政职权。政府要明确自己的角色定位，宏观规划院所发展，将管制部门变为公共服务机构，通过立法确定管理权限与职能。将责任政府、服务政府和法治政府的理念运用到政府对公立科研院所的日常行政管理活动中，使过去双方的行政隶属关系转化为委托代理关系。这种关系的溯源在于政府部门有义务向整个社会提供公共商品和服务，供给形式包括直接和间接两种。间接供给就是政府委托公益类科研院所进行科研产品产出，由政府部门以课题经费的方式进行购买。从现有政府主导模式转为政府部门作为主管方对科研院所履行国有资产保值增值等基础监督模式在科研项目规划、绩效评价考核、人事安排等方面从重过程管理转为重目标管理，从依靠行政手段转为注重采取法律、咨询、指导等方式。

---

❶ 郭向远. 我国科研院所改革的实践与思考 [J]. 行政管理改革，2012 (4)：17-20.

二、推行合理的财务治理结构改革

合理的科研院所财务治理结构，是在规范与完善的章程制度下形成的主客界定分明、权责清晰的治理结构体系。该体系在科学的产权制度基础上，以实施预算项目全生命周期管理为载体，制衡科研院所内部权、责、利关系，从而形成一个决策分权、执行高效、公开透明、部门间联结畅通的财务内部治理结构。

（一）健全以"章程"为统领的财务制度体系

章程是科研院所的基本纲领和行动准则，明确规定科研院所的治理体制和运行机制，为规范管理行为和经济活动提供"尺子"。章程中明确党委领导下的院长负责制的实施细则，具体划分党政各自的职责，健全党政领导班子的议事规则；建立"三重一大"制度，明确纪检、人事、财务、审计及相关业务部门的职责分工，形成决策权、执行权、监督权既相互制约又相互协调的运行机制；修定和完善财务管理制度包括与经济活动有关的经费管理办法；积极推进内控制度建设，内控制度是提高财务治理的重要举措，可以促进科研院所事权和财权有序、规范、合理地进行，内控制度应贯穿于经济活动的决策、执行和监督全过程，形成有效的廉政风险防控机制。

（二）完善以"产权"为核心的法人治理结构

建立科研院所治理结构，首先必须进行科研院所产权制度改革，科学的产权制度是科研院所财权配置的基础，是合理分配科研院所剩余索取权和收益分配权的前提。首先需要明晰科研院所的产权代表人，没有明确的产权代表人，则无法科学配置财权。我国科研院所作为事业法人，依法独立享有民事权利和承担民事义务，应实现政院分开、管办分开。

股东大会、董事会、经理层、监事会是典型的现代企业法人治理结构，它们分别行使企业的所有权、经营权和监督权，各机构之间互相制衡。科研院所作为事业法人，可以参考现代企业法人治理制度，建立党委会、纪律检查委员会（审计委员会）、学术委员会、院务会和院长组成的法人治理结构，它们分别行使科研院所的决策权、监督权和日常管理权，并使各方权力互相约束，各方利益得到平衡与合法保护。院所职工工会是由行政职工和科研人员共同结合起来的群众组织，支持科研院所的管理建设，并负责维护职工权益。此外，科研院所的职工还可以通过职工代表大会等多种民主渠道，向内外部监督机构反馈维权信息，帮助和参与内外部监督机构工作，提供信息传递渠道。这样的模式在一定程度上减弱了相关利益者的信息不对称性，有效维护利益相关者的权益。

（三）强化以"预算"为载体的财权配置制衡

预算是财权配置的载体，是单位经济活动的指挥棒。科研院所预算是科研院所根据事业发展计划和任务，运用财权配置的方式编制年度财务收支计划。为了强化预算在财权配置中的主导作用，科研院所应按照财政部"二上二下"的预算编制要求，夯实预算编制基础，提高预算精细化程度，在实施预算一体化背景下，实施预算项目全生命周期管理，整合预算各业务环节，合理评估各部门的财权需求，采取预算绩效运行监控等方式，优化财权配置，实现权责平衡的目标。

三、构建全方位的网络治理模式

目前科研院所财务治理的模式仍然为自上而下的管理模式，这种模式在利益相关者关系协调、资源配置以及政策执行等方面存在明显缺陷，根本原因在于行政权力过大，从而造成科研院所其他利益相关者的权责利失衡。解决当前困境既要逐步弱化纵向行政权力，也要兼顾横向利益相关者之间的互动与协调，而网络治理理论的最新发展为解决利益相关者之间共同治理乏力的问题提供了新视角。网络治理通常具有自我组织、自我控制和自我管理的特点。因此，科研院所运行管理中，对该方法的应用将不以强调行政主体或者学术主体为出发点，而是将宏观和微观各利益相关方纳入管理框架，以战略导向和科研院所发展需要为依据赋予各方权力，其中主要是财权配置。一定程度上，网络治理方法可以有效改善目前科研院所中普遍存在的利益相关者团体松散和各方管理力量不平衡的问题，起到优化财权配置的作用。

为了有效地构建网络治理相关的管理工具，科研院所管理者应当首先完成定义网络、收集和处理网络数据、确定网络结构特征和分析网络的工作。首先，应结合科研院所发展战略的需要来清晰定义网络，进而采用档案记录法并辅之以问卷法、访谈法等获取网络数据。其次，在此基础上，利用网络分析方法，采用中心度和结构洞等技术来衡量网络个体的位置，并结合战略需要来对个体位置进行分析。最后，通过位置分析，可以找到目前事权集中度高的利益相关者节点，或者与战略发展相契合但事权集中程度不高的利益相关者节点，这些节点是财权配置所偏重的对象。借助网络治理，采取科学的财权配置手段，科研院所网络中的各利益相关者能够达到与发展战略相契合的状态。❶

四、建立科学的财务治理制衡机制

科研院所财务治理体系和能力现代化建设关键在于完善以"财权制衡"为核心的财务治理机制。科研院所财务治理制衡机制是在其财权配置的基础框架下，依据财务治理结构，能动调节科研院所财务治理的一系列制度安排，主要包括财务决策机制、财务激励机制、财务约束机制、财务评价机制、财务监督机制五个方面。

（一）财务决策机制

财务决策机制位于财务治理的顶层，是对财务治理主体的财务决策活动进行调节。院党委会是科研院所最高决策机构，院务会议是科研院所行政议事决策机制，财务决策机制一般是院务会

---

❶　陶元磊. 基于财权配置的高校网络治理研究［M］. 北京：经济科学出版社，2017：46-60.

议进行讨论，其体现院级领导的意志，同时兼顾了利益相关者的需求。院务会议的决策结果通常会形成相应的决议，要求科研、行政及科辅等相关部门严格贯彻执行。

（二）财务激励机制

财务激励机制是在现有财权配置下，利用有效财务激励手段，协调科研院所财务主体之间权利关系，激发各主体的参与积极性和工作热情，达到提高科研院所价值目标的一种机制。财务激励机制作为财务治理的动力机制，其运行围绕财务治理的主体与客体而展开。因此，财务激励的目标是保证财权在相关治理主体间的合理配置和有效运行，并且要形成全面与制衡关系。具体来说，财务激励机制要考虑对各个治理主体的全面激励，不能仅侧重于某一治理主体进行激励而忽视其他主体，同时，还要注重激励形式在各激励对象间形成相互制衡的效果。针对同一激励对象，也要考虑激励的全面性，要采取正面激励与反面激励相结合、内部激励与外部激励相结合、短期激励与长期激励相结合的激励形式，以求激励的全面性与制衡性，从而使得财务激励机制的目标体系更加完善。

（三）财务约束机制

有效的激励机制能够从一定程度上缓解利益相关者之间的财务冲突，但是不会从根本上解决该问题。科研院所运行中的不确定性和人力资本计量上的模糊性等因素，导致有些负责人"偷懒"或者"搭便车"行为的存在。为弥补激励机制的不足，建立有效的约束机制便成为必然。所以，财务约束机制是财务治理机制的核心，可以有效制约财务治理主体行为，促使财务治理主体各尽其责，共同实现财务治理的目标。财权制衡即是财务约束机制的体现，防止某一主体财权过度膨胀导致的失控行为对其他利益相关者造成损害。

财务约束机制主要包括四种：一是责任约束，即通过建立健全经济责任制，明确规定科研院所财务治理主体的经济责任，据以规范和限制科研院所财务治理主体行为的一种约束机能；二是制度约束，即通过建立健全内控制度来约束企业的财务行为；三是预算约束，即通过财务预算的编制和执行来达到约束财务行为的目的；四是风险约束，即运用风险机制，引进风险观念，引导科研院所有效地预防和控制财务风险。

激励机制和约束机制如同两把利剑，当利益相关者出现利益冲突时，会对其不正当行为做出矫正，以利于科研院所财务治理目标的实现。

（四）财务评价机制

财权在利益相关者之间的配置和财务治理机制的建立分别为利益相关者行使权利提供了制度保证和机制保证。然而，财务治理系统本身的运行状况如何，则需要建立一套利益相关者财务治理的评价体系，从而为科研院所的决策提供依据。所以，财务评价机制是财务治理的重要依据。而评价体系是利益相关者财务治理框架必不可少的组成部分。评价体系的建立，应以有利于实现治理目标为原则，充分考虑利益相关者在治理过程中的一般性和特殊性。通过建立具有较高科学性和可行性且符合科研院所行业特点的评价指标，对科研院所在某一会计期间的收支情况、资金使用效率、发展能力、财务治理状况等进行综合评判。建立有效的财务评价机制，应做好评价监控，加强财务治理评价和结果应用，强化财务治理评价的激励约束，着力推进财务评价的制度化和规范化。

（五）财务监督机制

财务监督机制是财务治理的保障，主要是对财务治理主体行为进行监督，防止财权失衡而导致财务治理效率降低。财务监督机制应采用内部监督机制与外部监督机制相结合的方式。内部监督机制如在科研院所设立纪律检查委员会，下设纪检办公室（审计处）进行监督检查；外部监督机制如审计局、会计师事务所（外部审计）等对财务行为进行监控。

五、完善强有力的财权监督

随着财会监督纳入党和国家监督体系，国家治理体系和治理能力现代化建设不断深入，实施预算管理一体化和财务核算信息集中监管，实现财政资金支付全过程信息化管理和动态监控，无疑对科研院所财权监督提出新的更高要求。

（一）建立规范的信息公开平台

信息公开是解决委托—代理问题的关键步骤，建立统一规范的信息公开平台，是完善科研院所法人治理、财务治理重要措施，是对各财务治理主体财权进行监督约束的牢固基础。统一规范的信息公开平台应由政府主管部门和财政部牵头建立，制定有关信息强制公开制度，固定公开平台，使社会公众均能方便查看，接受公众监督，建立互动性的信息披露支持系统。

（二）加大内部监督的力度

监督机制是科研院所财务治理的重要组成部分，内部监督的重点是对管理层财权的监督，尤其是院长层日常财权的监督。完善法人治理结构后，增设以职工代表大会为主的财权监督机构，该监督机构不仅要监督财务决策机构和执行机构的财务活动，还应监督建立科研院所公开透明和互动的财务信息披露制度，使与科研院所有关的日常或重大财务问题能够及时被公众了解，切实保证科研院所的利益相关者能够公平合理地获得真实、准确、完整和及时的财务信息，这是有效行使他们财务监督权的前提。

（三）拓宽外部监督的渠道

外部监督是否有效，关键是监督渠道的畅通和多样化。公立科研院所是国家出资建立的公益性事业单位，与每个民众息息相关，有义务接受社会公众的监督，特别是对决策权、经营权等财权使用的监督。拓宽外部监督渠道首先要增强公民、媒体、其他组织等参与监督的意识，使其了解基本的参与渠道和方法，确保参与监督的合法合理，对自己参与监督的行为负责；其次要加大信息透明度，充分发挥信息平台的作用，让利益相关者、社会公众都能了解科研院所相关的信息。内部监督和外部监督是互为补充的，缺失任何一方都会削弱财务治理监督环节的力度。

（四）健全管理层的问责机制

公益性科研院所出资人是国家，保证其公益性应是首要委托目标，同时，完成相应服务决策和科研业绩，保证科研院所正常运转发展，也是重要的委托目标。委托人应根据委托目标，对受托人的工作职权、考核指标、激励措施等进行详细规定，受托人应严格遵守这些规定，各司其职，努力完成受托任务。委托人还应定期或不定期对受托人进行业绩考核，给予相关奖罚处理，提高受托人的工作责任和积极性。委托人还应制定详细的监督机制、问责机制，让纪律检查委员会顺利开展工作，保证委托目标得到实现。

建立问责机制，应定期或不定期对财务治理主体进行业绩考核，给予相关奖罚处理，提高其工作责任和积极性。问责机制要明确问责情形、设立执行机构和问责程序并制定详细的处罚条例。管理层须定期作述职报告，执行机构定期或不定期核查管理层履行职务和完成任务的情况，发现有需要问责的情形，立即启动问责程序，作出处罚决定。

第三章　预算绩效管理

　　全面实施预算绩效管理是推进国家治理体系和治理能力现代化的内在要求，是深化财税体制改革、建立现代财政制度的重要内容，是优化财政资源配置、提升公共服务质量的关键举措，是推动党中央、国务院重大方针政策落地见效的重要保障。科研院所实施全面预算绩效管理是推进财务治理现代化的必然要求，是优化科研院所资源配置的关键举措。

　　本章从科研院所预算绩效管理的概念界定和制度沿革着手，围绕科研院所财务治理实施预算绩效管理的必要性、科研院所预算绩效管理的现状、取得的成效以及存在问题等展开分析，并最终提出科研院所预算绩效管理的对策和建议。

第一节 科研院所预算
绩效管理的主要内容

一、科研院所预算绩效管理的相关概念

(一) 预算管理

预算,从汉字本身的含义解读来讲,"预"指的是事前、预先、预计、预测等,"算"指的是核计、计数、算账等。"预算"从字面上理解,指的是在经济上预先盘算的意思。

"预算"从实际应用的角度解释是政府、机关、企事业等单位经一定程序编制和核定的对于未来一定时期(年、季、月)内的收入和支出所作的预计。预算包括国家预算、行政事业单位预算、企业财务收支预算等。通过预算,可以对收入和支出加以控制,有效地进行资金管理。

企业预算管理是指企业以战略目标为导向,通过对未来一定期间内的经营活动和相应的财务结果进行全面预测和筹划,科学、合理配置企业各项财务和非财务资源,并对执行过程进行监督和分析,对执行结果进行评价和反馈,指导经营活动的改善和调整,进而推动实现企业战略目标的管理活动。❶

---

❶ 财政部会计资格评价中心. 高级会计实务 [M]. 北京:经济科学出版社,2021:65.

国家预算也称政府预算，是政府的基本财政收支计划，即经法定程序批准的国家年度财政收支计划。政府预算是政府筹集、分配和管理财政资金及宏观调控的重要工具。❶ 我国现行国家预算设立中央、省、市、县、乡五级预算，由中央预算和地方预算组成。中央政府部门预算由中央政府及其所属行政事业单位的预算组成，地方政府部门预算由地方政府及其所属行政事业单位的预算组成。

科研院所预算属于事业单位部门预算，是由科研院所依据国家有关法律法规及其单位职责的需要编制，经法定程序审查和批准的、反映单位所有收入和支出情况的财务计划，是科研院所推动事业发展的物质基础。

（二）绩效管理

"绩效"从字面上理解，指的是成绩、成效。在实务工作中，"绩效"最先应用于企业管理中，目的是通过设定特定目标以提高企业的效益。

企业绩效管理是指企业与所属部门、员工之间就绩效目标及如何实现绩效目标达成共识，帮助和激励员工取得优异绩效，从而实现企业目标的管理过程。❷

政府绩效管理是指在公共部门积极履行公共责任的过程中，

---

❶ 中国发展研究基金会. 全面预算绩效管理读本 ［M］. 北京：中国发展出版社，2020：3.

❷ 财政部会计资格评价中心. 高级会计实务 ［M］. 北京：经济科学出版社，2021：298.

在讲求内部管理与外部效应、数量与质量、经济因素与伦理政治因素、刚性规范与柔性机制相统一的基础上，获得最大化公共产出的过程。❶

科研院所绩效管理是对科研院所在一定时期内科研经费的投入产出进行管理的过程，投入包括科研人员人力、科研项目资金和科研时间等资源的投入，产出包括科研任务在数量、质量、效益等方面的产出结果。

（三）预算绩效管理

20世纪二三十年代，政府公共管理开始引入"绩效"，并在八九十年代被广泛应用于西方国家政府公共管理过程中，目的是通过在政府支出管理过程中设定定量化的效果目标，评价公共服务质量和公共支出效果，并将评价结果与财政支出有机联系起来，达到促使部门降低成本、改进预算的目的。❷

"预算绩效管理"是一种以结果为导向的预算管理方式，适应现代政府部门改革的需要，融入市场经济的一些管理理念，将政府预算建立在可衡量的绩效基础上，以提高财政支出效率，改进公共服务质量。❸

预算绩效管理的衡量标准要体现"4E"原则，即经济性、

---

❶ 中国发展研究基金会. 全面预算绩效管理读本 [M]. 北京：中国发展出版社，2020：19.
❷ 张君. 部门预算绩效管理研究 [D]. 大连：东北财经大学，2014：18.
❸ 郑涌，郭灵康. 全面实施预算绩效管理：理论、制度、案例及经验 [M]. 北京：中国财政经济出版社，2021：11.

产品和公共服务，使政府行为更加务实、高效。这是首次在财政部文件中明确预算绩效管理的内涵。

2012年9月，财政部印发《预算绩效管理工作规划（2012—2015）》（财预〔2012〕396号），进一步明确了预算绩效管理的主要任务和重点工作。

2012年11月，党的十八大提出推进政府绩效管理，预算绩效管理成为我国行政管理改革的重要领域。

2014年8月，我国在《预算法》中首次以法律形式明确我国公共预算收支实施绩效管理，要求各级预算要遵循"讲求绩效"的原则，并对绩效目标管理、绩效评价管理、绩效结果应用管理等作出了规定，这为我国全面实施预算绩效管理提供了法律依据。

2014年9月，国务院印发《关于深化预算管理制度改革的决定》（国发〔2014〕45号），明确在全面范围内推进预算绩效管理工作，强化支出责任和效率意识，逐步将绩效管理范围覆盖各级预算单位和所有财政资金，将绩效评价重点由项目支出拓展到部门整体支出和政策、制度、管理等方面，加强绩效评价结果应用，将评价结果作为调整支出结构、完善财政政策和科学安排预算的重要依据。

2015年5月，财政部发布《中央部门预算绩效目标管理办法》（财预〔2015〕88号），要求提高中央部门预算绩效目标管理的科学性、规范性和有效性。绩效目标是建设项目库、编制部门预算、实施绩效监控、开展绩效评价的重要基础和依据；同时明确了绩效目标的设定原则，绩效指标的类型，绩效指标设定参考的绩效标准、设定依据和设定要求、设定方法，以及绩效目标审核和批复涉及的原则、主体、程序内容等。

2017 年 10 月，党的十九大报告从全局和战略的高度提出了"全面实施绩效管理"。

2018 年 7 月，《国务院关于优化科研管理提升科研绩效若干措施的通知》（国发〔2018〕25 号）发布，指出要贯彻落实科技领域"放管服"改革的要求，要强化科研项目绩效评价管理，从重数量、重过程向重质量、重结果转变，实行科研项目绩效分类评价，严格依据任务书开展综合绩效评价，将绩效评价结果作为项目调整、后续支持的重要依据，以及相关研发、管理人员和项目承担单位、项目管理专业机构业绩考核的参考依据。

（三）全面实施预算绩效管理阶段

2018 年 9 月，《中共中央 国务院关于全面实施预算绩效管理的意见》（中发〔2018〕34 号）印发，明确全面实施预算绩效管理是推进国家治理体系和治理能力现代化的内在要求，是深化财税体制改革、建立现代财政制度的重要内容，是优化财政资源配置、提升公共服务质量的关键举措。文件要求，预算绩效管理要创新预算管理方式，更加注重结果导向、强调成本效益、硬化责任约束，力争用 3 ~ 5 年时间基本建成全方位、全过程、全覆盖的预算绩效管理体系，实现预算和绩效管理一体化，着力提高财政资源配置效率和使用效益，改变预算资金分配的固化格局，提高预算管理水平和政策实施效果，为经济社会发展提供有力保障。

2018 年 11 月，财政部印发关于贯彻落实《中共中央 国务院关于全面实施预算绩效管理的意见》的通知（财预〔2018〕167号），明确全国实施预算绩效管理进行统筹谋划和顶层设计，是新时代预算绩效管理工作的根本遵循；明确各单位要切实履行预算绩效管理主体责任，健全预算绩效管理操作规范和实施细则，将绩效管理责任分解落实到具体预算单位、明确到具体责任人，确保每一笔资金花得安全、用得高效；明确预算编制环节突出绩效导向，预算执行环节加强绩效监控，决算环节全面开展绩效评价，强化绩效评价结果刚性约束，促使各单位从"要我有绩效"向"我要有绩效"转变。

2019 年 7 月，财政部印发《中央部门预算绩效运行监控管理暂行办法》（财预〔2019〕136 号），明确预算绩效运行监控指对预算执行情况和绩效目标实现程度开展监督、控制和管理的活动；要求按照"谁支出、谁负责"的原则，预算单位负责开展预算绩效日常监控并及时采取纠偏措施；明确绩效监控结果要作为以后年度预算安排和政策制定的参考依据。

2020 年 2 月，财政部印发《项目支出绩效评价管理办法》（财预〔2020〕10 号），明确项目支出绩效评价指财政部门、预算部门和单位依据设定的绩效目标，对项目支出的经济性、效率性、效益性和公平性进行客观、公正的测量、分析和评判。绩效评价分为单位自评、部门评价和财政评价三种方式并详细规范了绩效评价的指标、权重、标准和方法等具体内容。

2020 年 8 月，国务院令第 729 号修订《中华人民共和国预算法实施条例》，细化完善了预算管理各个环节绩效管理的有关要求，促进预算和绩效管理深度融合，具体包括：一是完善预算绩效管理制度，明确预算执行中政府财政部门要组织和指导预算资金绩效监控、绩效评价，各部门和各单位要实施绩效监控，定期向本级政府财政部门报送预算执行情况报告和绩效评价报告；二是强化绩效结果应用，明确要求对实际绩效与目标差距较大、管理不够完善的预算资金应当予以调整，绩效评价结果应当作为改进预算管理和编制以后年度预算的依据；三是进一步明确职责，规定各级政府财政部门有权监督本级各部门及其所属各单位的预算管理有关工作，对各部门的预算执行情况和绩效情况进行评价、考核。

2021 年 1 月，财政部印发《关于委托第三方机构参与预算绩效管理的指导意见》（财预〔2021〕6 号），规范第三方机构参与预算绩效管理的行为，进而推动预算绩效管理提质增效，更好发挥预算绩效管理在优化财政资源配置、提升政策效能中的积极作用。

2021 年 3 月，《国务院关于进一步深化预算管理制度改革的意见》（国发〔2021〕5 号）印发，强化预算约束和绩效管理，强调项目全生命周期管理，推进运用成本效益分析等方法开展事前绩效评估，推进项目要素、项目文本、绩效指标等更加标准化和规范化；推动预算绩效管理提质增效，将落实党中央、国务院重大决策部署作为预算绩效管理重点，加强财政政策评估评价和重点领域预算绩效管理，分类明确转移支付绩效管理重点，强化引导约束，加强政府和社会资本合作、政府购买服务等项目以及国有资本资产使用绩效管理；加强绩效评价结果应用，将绩效评价结果与完善政策、调整预算安排有机衔接；加大绩效信息公开力度。

2021年8月，财政部印发《中央部门项目支出核心绩效目标和指标设置及取值指引（试行）》（财预〔2021〕101号），文件指出绩效目标是绩效管理的基础和起点，明确了指标设置思路，突出了指标设置原则，规范了绩效指标类型和设置要求，细化了绩效指标的具体编制方法；为推动财政资源配置和预算编制过程中成本效益分析的作用，文件强化了绩效目标和指标设置中强化成本控制的导向，突出对支出成本的全面反映；推动逐步实现对社会生态类效益指标的量化反映。

我国预算绩效管理自2000年引入绩效管理理念以来，以开展预算绩效评价为主要手段逐步探索预算绩效管理之路，2011年在财政部文件中明确了预算绩效管理的内涵，强调预算绩效管理贯穿预算编制、执行、监督的全过程，2018年提出建立全方位、全过程、全覆盖的预算绩效管理体系，之后财政部陆续出台关于预算绩效目标、预算绩效运行监控管理、项目支出绩效评价管理、第三方机构参与预算绩效管理、项目支出绩效指标设置等具体工作的办法或意见，这为科研院所进行预算绩效管理提供了更科学、更具体、可操作性更强的指导，对科研院所提升预算绩效管理水平具有至关重要的作用。

第二节 科研院所实施预算绩效管理的必要性

2018 年 9 月，《中共中央 国务院关于全面实施预算绩效管理的意见》指出，全面实施预算绩效管理是推进国家治理体系和治理能力现代化的内在要求。财政是国家治理的基础和重要支柱，而预算作为财政制度的核心内容，必然要在国家治理中发挥重要的作用。❶

对国家而言，预算体现的是战略和决策。对科研院所而言，预算亦是科研院所把方向、谋大局、定政策、促改革的抓手，是科研院所资源配置效率和使用效益的直接体现。财务治理强调如何保障管理者"能够做正确的事"，预算绩效管理注重的是"花钱必有效"，可以说预算绩效管理是从资源分配的源头保障科研院所财务治理的有效性，是提升科研院所财务治理能力的重要抓手。

一、落实"放管服"改革提升科研绩效的总体要求

党的二十大报告指出，科技是第一生产力，是全面建设社会

---

❶ 中国发展研究基金会. 全面预算绩效管理读本 [M]. 北京：中国发展出版社，2020：5.

主义现代化国家的基础性、战略性支撑；深入实施科教兴国战略和创新驱动发展战略才能不断塑造发展新动能。党中央、国务院不断推进科技领域"放管服"改革，加大财政对科技的投入，优化科技资金管理机制，为科技创新提供有力保障，旨在深入实施创新驱动发展战略，激发科研创新活力，促进科研事业发展。

党中央、国务院陆续出台了一系列简化科研项目资金预算管理的政策，但目的不只是"放"，更重要的是"放管结合"，"放"的是管理的方式和程序，"管"的是科研的产出和效益，深入分析近年来科研院所落实"放管服"科研项目资金管理的政策，呈现出以下三个特点。

（一）简化过程，突出结果导向

简化预算编制和预算调剂程序。国家社会科学基金和国家自然科学基金等专项科研项目资金管理部门均出台了相关经费管理制度，明确简化了科研项目预算编制科目和预算测算依据，增加了包干制的预算管理方式，将大部分科目预算调剂权限下放至项目承担科研院所，允许科研项目负责人自主调整项目研究方案和技术路线，但是同时强调不应改变原定研究方向和研究/技术指标，并且要求科研院所内部公开研究成果，这均是突出对科研经费的使用进行结果管理的导向。

（二）优化服务，突出科研导向

创新服务方式，建立健全科研财务助理制度，精简对科研项目资金的监督检查评审，让科研人员从繁杂的科研财务报销手续中解脱出来，潜心从事科学研究，攻关关键领域核心技术，多出高水平成果。改进科研院所科研人员差旅费支出管理，合理确定科研人员乘坐交通工具等级和住宿费标准，解决偏远地区调研难以取得票据等特殊情形的报销难题，有效保障了科研院所科研人员可以放心地开展调研。改进了科研院所会议费支出管理，对科研会议的举办天数、参加人数、会议开支范围、会议开支标准等均进行了完善，优化科研院所举办科研项目研讨会的经费报销规定。简化了科研仪器设备采购的流程，给予科研院所自行采购科研仪器设备的权限，同时简化了政府采购项目预算调剂和变更政府采购方式的审批流程，让科研人员避免因采购流程较长影响科研仪器设备的及时使用。扩大科研院所科研人员对外交流合作，科研院所可根据科研需要安排出国学术交流任务，真正地让科研人员因需开展国际合作与交流。以上措施的目的均是优化科研服务，让科研人员专心研究，多出高质量科研成果。

（三）强化激励，突出绩效导向

提高间接费用比重，根据科研贡献加大对科研人员的绩效激励力度，尤其根据基础研究和应用研究等不同学科的特点进行分类管理，加大对基础研究的绩效支出比例。改进结余资金留用方式，将科研项目结余资金统筹使用权下放至科研院所，并优先倾斜于原科研项目团队。允许科研院所从基本科研业务费等稳定支持科研经费中提取奖励经费，激发科研人员创新活力。科研院所分配绩效工资向成果突出的科研人员倾斜，对攻关国家关键领域核心技术任务的科研人员探索实行年薪制。

多项"放管服"改革措施从过程和程序等方面简化对科研人员的约束，但从结果和绩效等方面加强对科研资金使用效果的评价和激励，最终达到激发科研活力、攻克科研难题、提升科研产出等效果。因此，对科研院所而言，实施预算绩效管理是未来财务治理的重点方向。

二、落实科技成果转化优化绩效分配机制的要求

为激发科研院所科研人员创新的积极性，党中央、国务院出台了一系列提升科研绩效、优化收入分配机制、推进科技成果转化的政策，旨在推进科技体制改革、赋予科研院所和科研人员更大自主权、充分释放创新活力、实现科技和经济的高质量发展。党的二十大报告提出加强产学研深度融合，强化目标导向，提高科技成果转化水平。科技成果转化水平成为对科研院所进行绩效考核的重要指标之一。

科技成果是指通过科学研究与技术开发所产生的具有实用价值的成果。职务科技成果，是指科研人员执行科研院所的研究工作任务，或者主要是利用科研院所的物质技术条件所完成的科技成果。科技成果转化，是指为提高生产力水平而对科技成果所进行的后续试验、开发、应用、推广直至形成新技术、新工艺、新材料、新产品，发展新产业等活动。● 国家针对科研院所职务科技成果转化有专门的规定，主要体现在以下两个方面。

● 《中华人民共和国促进科技成果转化法》（2015 年修正）第 2 条。

（一）纳入绩效考评

《中华人民共和国促进科技成果转化法》第 12 条要求国家设立的科研院所应当建立符合科技成果转化工作特点的职称评定、岗位管理和考核评价制度，完善收入分配激励约束机制。

《国务院关于印发实施〈中华人民共和国促进科技成果转化法〉若干规定的通知》明确指出，科研院所的主管部门以及财政、科技等相关部门，在对科研院所进行绩效考评时应当将科技成果转化的情况作为评价指标之一，并将评价结果作为对科研院所予以支持的参考依据之一。

科技成果转化纳入科研院所绩效考评体系之中，一方面明确将科技成果转化成果作为对科研人员的绩效考核指标，另一方面明确将科技成果转化作为对科研院所的考核指标，评价结果会对科研院所获得支持的科研经费产生影响，因此科研院所进行科研经费预算绩效管理十分有必要，而且应当将科技成果转化情况纳入绩效指标体系。

（二）完善激励政策

《关于事业单位科研人员职务科技成果转化现金奖励纳入绩效工资管理有关问题的通知》（人社部发〔2021〕14 号）明确了对职务科技成果转化作出重要贡献人员的绩效奖励，不受单位核定绩效工资总量限制。

国家多项法律规章制度明确针对职务科技成果转化作出重要贡献的科研人员给予的现金奖励不纳入科研院所绩效工资总额，

单独管理、单独统计，不受工资总额的限制，并且列出了奖励和报酬的参考标准，这给予科研院所针对科技成果转化进行绩效激励极大的自由度，更是给了科研人员极大的鼓励，可见国家对于鼓励科研院所提高职务科技成果转化成果有很大的政策倾斜，也为科研院所建立以增加知识价值为导向的收入分配政策明确了一项重要举措。

三、符合科研院所政府购买服务改革的趋势

2016 年，财政部和中央编办印发《关于做好事业单位政府购买服务改革工作的意见》，提出公益二类事业单位承担的适宜通过市场化方式提供的服务事项将纳入政府购买服务的目录，公益二类事业单位需要通过竞争择优的方式才能成为承接主体。2020 年，财政部印发《中央本级政府购买服务指导性目录》，将科技研发服务、科技成果转化服务、课题研究服务等纳入目录。2022 年，财政部再次印发《关于做好 2022 年政府购买服务改革重点工作的通知》，推进公益二类事业单位政府购买服务改革。很多科研院所属于公益二类事业单位，因此势必面临政府购买服务的改革要求。

政府购买服务是创新政府公共服务提供方式、推动政府职能转变、全面实施绩效管理的一项重要改革举措。绩效管理关系到政府购买服务是否"买得值"的问题。基于政府购买服务以下几个特征，科研院所有必要做好预算绩效管理。

（一）公开择优

政府购买服务改革是将由公益二类事业单位承担并且适宜由社会力量提供的服务事项，全部转为通过政府购买服务方式提供，按照公开、公平、公正的原则通过择优的方式选择承接主体，因此科研院所作为政府购买服务承接主体必须注重成本效益原则，讲求绩效才能在市场化的竞争中不被淘汰。

（二）绩效评价再择优

《政府购买服务管理办法》明确对加强政府购买服务绩效管理作出规定，要求加强政府向社会力量购买服务的绩效管理，购买主体应当建立全过程预算绩效管理机制，结合政府购买服务合同履行情况，严格开展绩效评价，并作为承接主体以后年度承接政府购买服务的参考要素，提高财政资金使用效益。科研院所作为承接主体接受政府购买服务项目的绩效评价，因此在购买服务项目的执行过程中应当加强预算绩效管理，规范管理和有效使用政府购买服务项目的财政资金，确保政府的钱花得其所、花出效益。

四、符合科研院所开展成本管理的趋势

近年来，随着科研经费管理体制改革不断深化，国家对科研经费的投入力度也不断加强，相关利益者对推进科研院所成本核算工作的要求越来越迫切，科研院所出于自身事业发展需要开展

成本核算工作的需求也日益增强，在预算绩效管理中科研成本管理占据越来越大的权重。

（一）科研院所成本核算方法进一步明确

2019 年 12 月，财政部印发《事业单位成本核算基本指引》，要求各单位自 2021 年 1 月 1 日起施行，实务中很多科研院所因不具备成本核算的条件并未施行。2022 年 9 月，财政部又印发《事业单位成本核算具体指引——科学事业单位》，为科研院所开展成本核算提供了更加简单易行、可操作的具体指导，可以说科研院所开展成本核算的政策基础和科学方法均已具备，开展成本核算已成必然趋势。

（二）成本指标提升为一级绩效指标

《中共中央 国务院关于全面实施预算绩效管理的意见》（中发〔2018〕34 号）要求从运行成本等方面衡量科研院所开展业务的实施效果，从成本等方面衡量政策和项目预算资金使用效果。2021 年财政部印发的《中央部门项目支出核心绩效目标和指标设置及取值指引（试行）》（财预〔2021〕101 号）将成本指标升级为一级绩效指标，意味着在预算绩效指标的设立和评价中应当考虑成本指标。

（三）资金管理要求加强成本控制

《国务院办公厅关于改革完善中央财政科研经费管理的若干

意见》（国办发〔2021〕32 号）规定，中央财政科研项目的结余资金可以留归项目承担科研院所使用，但同时激励科研院所加强成本控制，提高资源配置效率和资金使用效益。

五、满足预算绩效一体化管理的要求

为贯彻落实《国务院关于进一步深化预算管理制度改革的意见》（国发〔2021〕5 号）有关要求，有效支撑进一步深化预算管理制度改革，财政部印发《财政部关于推广实施中央预算管理一体化建设的通知》（财办〔2022〕19 号），明确预算管理一体化建设在已经基本确定的现代预算制度框架基础上，以建立完善标准科学、规范透明、约束有力的预算制度和全面实施预算绩效管理为目标，加强财政工作数字化转型与预算制度改革的衔接，用信息化手段推进预算管理现代化。预算管理一体化系统的应用是以信息化推进国家治理体系和治理能力现代化的重要举措，也是科研院所进一步提升财务治理水平的重要契机。

（一）以信息化手段强化预算制度执行力

预算管理一体化系统的总体思路在于以系统化的思维将预算管理的全流程嵌入信息化系统中，推动预算制度系统集成、协同高效，实现预算编制、预算执行、资产管理、资金支付等集中部署、统一控制。预算管理一体化建设有助于科研院所有效贯彻落实党中央、国务院关于坚持"过紧日子"、加强财会监督、提高财政资金使用绩效等方面的要求，有效加强对预算制度执行上下游链条控制的刚性约束，做到"先有预算后有支出"，减少了花钱的随意性，避免了人工管理容易忽视的预算管理漏洞，可大大提升预算绩效管理的水平。

（二）信息共享共用提升预算管理效率

预算管理一体化系统首次实现将分散的预算编制、预算执行、资产管理、合同管理等与预算管理链条相关的信息系统整合到一起，即将单位的人力、财力、物力等各种资源管理信息汇集成在一起，有效打破了各个信息系统间的信息孤岛，实现了科研院所各职能部门间的信息共享；同时预算管理一体化系统也是首次将全国数据标准和规范统一，强化了全国"一盘棋"思想，实现了建"一张网"、管"一本账"、说"一家话"的预算资金管理目标，实现了科研院所及上级管理部门及财政部门间的共享共用。预算信息共享共用的实现，有效提升了科研院所预算管理和财务治理的水平，一方面可追踪可追溯的数据流和信息流提高了预算资金数据的准确性，另一方面减少了预算管理工作人员很多重复性的工作，节省了大量时间，提高了预算管理的水平。

（三）预算绩效实现线上全过程管理

预算管理一体化系统的应用目标之一是加强全面预算绩效管理，同时预算绩效管理离不开预算一体化的系统化思维，两者相辅相成。一体化系统的建设实现了预算绩效目标和指标的申报、执行、监控、自评和评价的全过程管理，通过技术手段助力科研院所预算绩效管理更加科学化和标准化。

六、满足科研院所提升治理水平的内在需求

为落实党中央"过紧日子"的要求，科研院所提升预算绩效管理水平势必向内发力，从严从紧安排预算，提高预算资金使用效益，确保科研资金花得好、用得值。从科研院所提升内部治理水平的角度分析加强预算绩效管理的必要性，主要包括以下两个方面。

（一）科研服务成本控制问绩效

"过紧日子"是预算安排的长期指导思想，科研院所不折不扣落实党中央"过紧日子"的要求，首先应当以控制好科研服务成本为抓手，在科研经费收入基本稳定的情况下，量入为出，将成本总量和结构控制在合理水平，同时分析并找到科研院所资源消耗的主要环节，制定科学合理的资源分配政策，优化科研服务的流程，把钱花在刀刃上，切实提高科研资金的使用效益。

（二）科研经费投入产出问绩效

近年来，科技经费投入不断增长，《2021 年全国科技经费投入统计公报》数据显示，2021 年全国共投入研究与试验发展（R&D）经费 27956.3 亿元，比上年增加 3563.2 亿元，增长 14.6%；研究与试验发展（R&D）经费投入强度（与国内生产总值之比）为 2.44%，比上年提高 0.03 个百分点；政府属研究

机构经费 3717.9 亿元，增长 9.1%；[1] 可见，研究与试验发展（R&D）经费投入保持较快增长，科研院所 R&D 经费也明显提升。国家对科研经费的投入力度不断加大，旨在提升我国自身科技水平，将关键核心技术掌握在自己手里，解决"卡脖子"技术问题，深入实施创新驱动发展战略，实现我国科技强国的目标，科研院所应当科学合理分配科研经费，将科研经费用在核心技术等重要攻关方向，早出成果，多出成果，出好成果。

第三节　科研院所预算绩效管理的现状与问题

一、科研院所预算绩效管理的现状

自 2018 年《中共中央 国务院关于全面实施预算绩效管理的意见》（中发〔2018〕34 号）印发以来，新时代科研院所预算绩效管理工作就有了纲领性的依据文件，科研院所的预算管理也逐步进入全面实施预算绩效管理阶段，从顶层设计层面来讲，以建成"全方位、全过程、全覆盖"的预算绩效管理体系为目标，"花钱必问效、无效必问责"的预算管理理念已深入人心，绩效管理的广度和深度不断拓展，形成事前、事中、事后全面预算绩效管理的闭环管理机制，重大项目开展事前预算绩效评估，绩效

---

[1]　国家统计局 科学技术部 财政部. 2021 年全国科技经费投入统计公报［EB/OL］.（2022－08－31）［2023－02－15］. http://www.gov.cn/xinwen/2022－08/31/content_5707547.htm.

目标和绩效指标编制质量逐步提高，绩效运行监控、绩效自评和绩效评价质量稳步提升，绩效结果应用于优化预算安排机制逐步强化，可以说从预算绩效管理制度层面上逐步趋于完善、科研院所预算绩效管理实务应用效果上逐步见效，全面实施预算绩效管理已正式进入提质增效的阶段。

（一）事前预算绩效评估

1. 法律规章制度要求

《中共中央 国务院关于全面实施预算绩效管理的意见》对科研院所开展事前预算绩效评估提出具体指导意见，要结合预算评审、项目审批等，对新出台重大政策、项目开展事前绩效评估，重点论证立项必要性、投入经济性、绩效目标合理性、实施方案可行性、筹资合规性；科研院所申请的基建投资要接受投资主管部门绩效评估，评估结果作为申请预算的必备要件；财政部门开展重大政策和项目预算审核，必要时可以组织第三方机构独立开展绩效评估，审核和评估结果作为预算安排的重要参考依据；同时要求创新评估方法，立足多维视角和多元数据，依托大数据分析技术，运用成本效益分析法、比较法、因素分析法、公众评判法、标杆管理法等，提高绩效评估结果的客观性和准确性。

《财政部关于贯彻落实〈中共中央 国务院关于全面实施预算绩效管理的意见〉的通知》指出应当将绩效关口前移，预算编制环节突出绩效导向。科研院所要对新出台重大政策、项目，结合预算评审、项目审批等开展事前绩效评估，评估结果作为申请预算的必备要件，防止"拍脑袋决策"，从源头上提高预算编制的科学性和精准性。

2. 科研院所实务实践情况

结合《中共中央 国务院关于全面实施预算绩效管理的意见》的要求，在事前预算绩效评估方面，一是科研院所在财政部预算管理系统申请预算时，系统已进行了默认设置，重大金额的项目必须进行事前预算绩效评估才能入库；二是科研院所基于提升内部资金分配有效性的需求，也逐步将事前绩效评估作为内部预算编制的要求。目前事前绩效评估主要采取专家评审论证的方式，着重从项目的必要性和可行性等方面论证项目的意义和价值，从源头上保障资金分配的有效性。

（二）预算绩效目标和绩效指标体系建立

1. 法律规章制度要求

《中华人民共和国预算法》要求科研院所编制预算时同步编制预算绩效目标，第32条明确提出"各单位应当按照国务院财政部门制定的政府收支分类科目、预算支出标准和要求，以及绩效目标管理等预算编制规定，根据其依法履行职能和事业发展的需要以及存量资产情况，编制本单位预算草案"。

《中共中央 国务院关于全面实施预算绩效管理的意见》提出科研院所应当强化绩效目标管理。科研院所编制预算时应结合单位实际情况，细化各项工作要求，设置单位整体绩效目标、政策及项目绩效目标。绩效目标不仅要包括产出、成本，还要包括经济效益、社会效益、生态效益、可持续影响和服务对象满意度等绩效指标。

《中共中央 国务院关于全面实施预算绩效管理的意见》在绩效目标和绩效指标设置方面，同时要求科研院所的上级财政部门要建立健全定量和定性相结合的共性绩效指标框架，要求主管部门构建分行业、分领域、分层次的核心绩效指标和标准体系，实现科学合理、细化量化、可比可测、动态调整、共建共享，绩效指标和标准体系要与基本公共服务标准、部门预算项目支出标准等衔接匹配，突出结果导向，重点考核实绩。

《财政部关于贯彻落实〈中共中央 国务院关于全面实施预算绩效管理的意见〉的通知》要求财政部门要严格绩效目标审核，未按要求设定绩效目标或审核未通过的，不得安排预算。

2021 年财政部印发的《中央部门项目支出核心绩效目标和指标设置及取值指引（试行）》，提出为提高绩效目标管理的科学化、规范化和标准化水平，明确了四类一级绩效指标，提供了绩效指标值的设定依据，给出了绩效指标完成值的取得方式，建议了指标分值权重的设定，明确了指标分值打分规则等为科研院所在预算编制时设定项目绩效目标和指标提供了详细可行的指引，有利于绩效目标的有效设置，也大大提高了后续绩效评价的可操作性和实际意义。

2. 科研院所实务实践情况

自预算绩效目标纳入预算编制内容以来，科研院所绩效目标管理经历了从仅编制预算绩效目标阶段、简化编制预算绩效指标阶段到规范编制预算绩效指标的阶段。

第一阶段，仅编制预算绩效目标阶段，科研院所在编制项目预算时只需要对项目总体做什么事情及要达到什么效果做简要说明，不要求编制具体的绩效指标；第二阶段，简化编制预算绩效指标阶段，科研院所在编制项目预算时不仅要对项目达到的绩效目标做出预计，还要细化为各项预算绩效指标，但对预算绩效指标缺乏统一的规范性要求，仅仅是科研人员基于自身理解"被动"设置了一些简单的指标，因此往往绩效指标缺乏可衡量性，指标结果评价也缺乏实际价值；第三阶段，规范编制预算绩效指标阶段，科研院所不仅需要在编制预算时规范填报项目绩效目标，突出预期达到的总任务、总产出、总效益等，而且要按照财政部统一规范的四类一级绩效指标和相应的二级绩效指标设置该项目相关的绩效指标，在绩效指标设置之始必须明确绩效指标值的取值方式，确保绩效指标设置得有意义、绩效指标可测可评，同时需要接受上级部门在预算编制阶段的首轮预审核后才能将项目入库编制预算。

结合法律规章制度要求及现阶段科研院所绩效目标和绩效指标体系的建立思路，本书对科研院所预算绩效目标和绩效指标的编制进行了梳理，涉及的设置方式方法如表 2 所示。

表 2 绩效目标和绩效指标设置方法

定义	绩效目标：在一定期限内预期达到的产出和效果以及相应的成本控制要求	绩效指标：将绩效目标分解、细化、量化
依据	绩效目标：分析重点工作任务、需要解决的主要问题和相关支出的政策意图，研究明确总任务、总产出、总效益	绩效指标：分析投入资源、开展活动、质量标准、成本要求、产出内容、产生效果等

续表

设定原则	指向相关、重点突出、量化易评		
指标类型	一级指标	二级指标	
	成本指标	经济成本指标	
		社会成本指标	
		生态环境成本指标	
	产出指标	数量指标	
		质量指标	
		时效指标	
	效益指标	经济效益指标	
		社会效益指标	
		生态效益指标	
	满意度指标	服务对象或受益人及其他相关群体的认可程度	
指标来源	政策文件、统计指标、管理（考核）指标、社会机构评比、新闻媒体报道等		
指标值设定依据	计划标准、行业标准、历史标准、预算支出标准等		
完成值取值方式	直接证明法、情况统计法、情况说明法、问卷调查法、趋势判断法		
完成值数据来源	统计部门统计数据、权威机构调查（统计）、部门统计年鉴、部门业务统计、部门业务记录、部门业务评判、问卷调查报告、媒体舆论等		
分值权重	设置成本指标	成本指标20%＋产出指标40%＋效益指标20%＋满意度指标10%＋预算执行率指标10%	
	未设置成本指标	产出指标50%＋效益指标30%＋满意度指标10%＋预算执行率指标10%	
	不需设置满意度指标	产出指标50%＋效益指标40%＋预算执行率指标10%	
指标赋分规则	直接赋分、完成比例赋分、评判等级赋分、满意度赋分		

（三）预算绩效运行监控

1. 法律规章制度要求

《中华人民共和国预算法实施条例》第53条明确各单位的职责包括"依法组织收入，严格支出管理，实施绩效监控，开展绩效评价，提高资产使用效益"。

《中共中央 国务院关于全面实施预算绩效管理的意见》明确要求科研院所做好绩效运行监控，并具体指导绩效运行监控的具体操作和作用机制。一是明确科研院所对绩效目标实现程度和预算执行进度实行"双监控"，发现问题要及时纠正，确保绩效目标如期保质保量实现。二是明确上级财政部门建立重大政策、项目绩效跟踪机制，对存在严重问题的政策、项目要暂缓或停止预算拨款，督促科研院所及时整改落实。

《财政部关于贯彻落实〈中共中央 国务院关于全面实施预算绩效管理的意见〉的通知》要求预算执行环节加强绩效监控。按照"谁支出、谁负责"的原则，完善用款计划管理，对绩效目标实现程度和预算执行进度实行"双监控"，发现问题要分析原因并及时纠正。逐步建立重大政策、项目绩效跟踪机制，按照项目进度和绩效情况拨款，对存在严重问题的要暂缓或停止预算拨款。

《中央部门预算绩效运行监控管理暂行办法》明确指出，预算绩效运行监控指的是对预算执行情况和绩效目标实现程度开展的监督、控制和管理活动。按照"谁支出，谁负责"的原则，预算执行单位负责开展预算绩效日常监控，并定期对绩效监控信息进行收集、审核、分析、汇总和填报；分析偏离绩效目标的原因，并及时采取纠偏措施。

2. 科研院所实务实践情况

目前科研院所开展预算绩效运行监控，主要是按照财政部的统一部署，于每年 8 月对当年 1—7 月预算执行情况和绩效目标实现程度开展一次绩效监控分析。预算绩效监控的内容主要是将绩效实现情况与预期绩效目标进行比较，对目标完成、预算执行、组织实施、资金管理等情况进行分析评判，采取的方法主要是目标完成对比法，根据设定的目标有针对性地开展监控。预算绩效监控的目的是在年中通过分析评价，及时发现预算执行环境发生重大变化、预算项目准备不充分、无预算支出、超预算支出、与年初绩效目标偏差较大等问题，以能够及时纠偏止损，并尽早暂停预算执行情况与绩效目标偏离较大的项目。

（四）预算绩效评价

1. 法律规章制度要求

党的十六届三中全会决定明确提出"建立预算绩效评价体系"。可以看出，我国的预算绩效管理最早是从预算绩效评价试点逐步引入的。

《中华人民共和国预算法》第 57 条明确，各单位应当对预算支出情况开展绩效评价。

《中华人民共和国预算法实施条例》第 20 条对绩效评价的定义给出了解释，"绩效评价，是指根据设定的绩效目标，依据规范的程序，对预算资金的投入、使用过程、产出与效果进行系统和客观的评价。"

《中共中央 国务院关于全面实施预算绩效管理的意见》对预算绩效评价工作的方式方法和结果应用等提出了新的要求，明确要求科研院所通过自评和外部评价相结合的方式，对预算执行情况开展绩效评价。一是科研院所应当对预算执行情况以及政策、项目实施效果开展绩效自评，评价结果报送本级财政部门。二是财政部门建立重大政策、项目预算绩效评价机制，必要时可以引入第三方机构参与绩效评价。同时要求创新评价方法，立足多维视角和多元数据，依托大数据分析技术，运用成本效益分析法、比较法、因素分析法、公众评判法、标杆管理法等，提高绩效评价结果的客观性和准确性。

《财政部关于贯彻落实〈中共中央 国务院关于全面实施预算绩效管理的意见〉的通知》要求决算环节全面开展绩效评价。加快实现政策和项目绩效自评全覆盖，如实反映绩效目标实现结果，对绩效目标未达成或目标制定明显不合理的，要做出说明并提出改进措施。

《项目支出绩效评价管理办法》第 4 条明确，绩效评价分为单位自评、部门评价和财政评价三种方式。

2. 科研院所实务实践情况

在实务工作中，自 2016 年以来中央级科研院所项目支出绩效自评已经实现全覆盖，中央和省级财政部门、预算部门重点项目绩效评价常态机制基本建立，在指标体系、评价方法、操作规程、结果应用等方面均积累了有益经验。

　　绩效评价根据评价主体的不同，分为两种评价框架。一种是绩效自评，对项目初始设定的绩效目标、指标和资金执行情况进行自我评价。另一种是绩效他评，除项目本身的产出和效益进行评价之外，还要对项目的决策和过程进行评价。绩效自评和绩效他评在评价主体、评价指标等多方面有所不同，详见表3和表4。

表3　绩效自评和绩效他评对比

评价方式	绩效自评	绩效他评
主体	科研院所或所属部门	部门或财政部门
责任	谁支出、谁自评	可委托第三方机构
对象	纳入预算管理的所有项目支出	优先选择贯彻落实党中央、国务院重大方针政策和决策部署的项目、覆盖面广、影响力大、社会关注度高、实施期长的项目、重大改革发展项目
指标	预算批复时的绩效指标：成本、产出、效益、满意度、资金执行情况	项目决策、项目管理、项目产出、项目效益
权重	同类项目绩效评价指标和标准应具有一致性	突出结果导向，产出、效益指标权重不低于60%
标准	计划标准、行业标准、历史标准等	计划标准、行业标准、历史标准等
方法	定量与定性评价相结合的比较法	成本效益分析法、比较法、因素分析法、最低成本法、公众评判法、标杆管理法等
结果	项目支出绩效自评表	绩效评价报告

续表

评价方式	绩效自评	绩效他评
结果应用	对自评结果分析,对未完成绩效目标或偏离绩效目标较大的要分析原因,研究提出改进措施	建立评价结果挂钩机制,绩效评价结果应与预算安排、政策调整、改进管理实质性挂钩,体现奖优罚劣和激励相容导向。原则上,对评价等级为优、良的,根据情况予以支持;对评价等级为中、差的,根据情况核减预算

表4 绩效自评和绩效他评指标对比

绩效自评指标			绩效他评指标		
一级指标	二级指标	三级指标	一级指标	二级指标	三级指标
成本指标	经济成本指标	年初设定	决策	绩效目标	绩效指标明确性
	社会成本指标	年初设定		资金投入	预算编制科学性
	生态环境成本指标	年初设定			资金分配合理性
产出指标	数量指标	年初设定	过程	资金管理	资金到位率
	质量指标	年初设定			预算执行率
	时效指标	年初设定			资金使用合规性
效益指标	经济效益指标	年初设定		组织实施	管理制度健全性
	社会效益指标	年初设定			制度执行有效性
	生态效益指标	年初设定	产出	产出数量	实际完成率
满意度指标	服务对象或受益人及其他相关群体的认可程度	年初设定		产出质量	质量达标率
				产出时效	完成及时性
				产出成本	成本节约率
			效益	项目效益	实施效益
					满意度

科研院所作为评价主体，主要开展预算绩效自评工作，于每年年初对上年度所有预算内项目开展绩效自评，由科研项目负责人对项目年初设定的绩效目标、绩效指标及全年预算执行进度等完成情况填写完成值并赋予权重进行打分，对整体分值较高的项目分析经验予以分享，对整体分值较低的项目分析问题予以改进，以预算绩效自评工作提高科研院所预算资金的执行效果的同时也促进对预算绩效自评工作本身进行优化完善。

（五）预算绩效评价结果应用及激励

1. 法律规章制度要求

《中华人民共和国预算法实施条例》第 20 条提出，绩效评价结果应当按照规定作为改进管理和编制以后年度预算的依据。

《国务院关于优化科研管理提升科研绩效若干措施的通知》明确要求"绩效评价结果应作为项目调整、后续支持的重要依据，以及相关研发、管理人员和项目承担单位、项目管理专业机构业绩考核的参考依据。对绩效评价优秀的，在后续项目支持、表彰奖励等工作中给予倾斜。要区分因科研不确定性未能完成项目目标和因科研态度不端导致项目失败，鼓励大胆创新，严惩弄虚作假。项目承担单位在评定职称、制定收入分配制度等工作中，应更加注重科研项目绩效评价结果，不得简单计算获得科研项目的数量和经费规模"。

《中共中央 国务院关于全面实施预算绩效管理的意见》明确要求健全绩效评价结果反馈制度和绩效问题整改责任制，加强绩效评价结果应用，并提出具体的应用要求，对绩效好的政策和项目原则上优先保障，对绩效一般的政策和项目要督促改进，对交叉重复、碎片化的政策和项目予以调整，对低效无效资金一律削减或取消，对长期沉淀的资金一律收回，并按照有关规定统筹用于亟须支持的领域。

《财政部关于贯彻落实〈中共中央 国务院关于全面实施预算绩效管理的意见〉的通知》要求强化绩效评价结果刚性约束。健全绩效评价结果反馈制度和绩效问题整改责任制，形成反馈、整改、提升绩效的良性循环。

《项目支出绩效评价管理办法》明确要求"绩效评价结果应与预算安排、政策调整、改进管理实质性挂钩，体现奖优罚劣和激励相容导向，有效要安排、低效要压减、无效要问责"。

2. 科研院所实务实践情况

从科研院所获得外部经费支持的角度讲，预算绩效评价的结果主要体现在上级部门根据科研院所预算绩效自评和预算绩效评价的结果调整对科研院所经费的安排；从科研院所内部资源分配的角度讲，预算绩效评价的结果影响着承担科研项目的科研团队获得的科研经费支持力度以及相关的科研人员获得的科研奖励；而外部经费支持和内部资源分配是相互影响的关系，科研院所绩效评价结果优秀离不开科研院所科研人员良好的科研成果评价，而科研院所科研人员获得的科研奖励也会激励其取得更多更好的科研产出，也会促进科研院所整体科研经费预算绩效评价结果优秀，从而使得科研院所获得更多的科研经费支持。因此，在实务工作中，科研院所不论基于单位整体的角度还是科研项目本身都越来越重视预算绩效评价的结果应用，充分发挥预算绩效评价结果在外部科研经费支持和内部科研经费分配等方面的作用。

（六）预算绩效公开

1. 法律规章制度要求

《中共中央 国务院关于全面实施预算绩效管理的意见》提出，各级财政部门要推进绩效信息公开，重要绩效目标、绩效评价结果要与预决算草案同步报送同级人大、同步向社会主动公开，提供社会公众参与绩效管理的途径和平台，自觉接受人大和社会各界监督。

《财政部关于贯彻落实〈中共中央 国务院关于全面实施预算绩效管理的意见〉的通知》要求加大绩效信息公开力度。大力推动重大政策和项目绩效目标、绩效自评以及重点绩效评价结果随同预决算报送同级人大，并依法予以公开。探索建立部门和单位预算整体绩效报告制度，促使各部门各单位从"要我有绩效"向"我要有绩效"转变，提高预算绩效信息的透明度。

《中央部门预算绩效目标管理办法》要求中央部门应按照有关法律、法规要求，逐步将有关绩效目标随同部门预算予以公开。

《项目支出绩效评价管理办法》要求绩效评价结果应依法依规公开，并自觉接受社会监督。各级财政部门、预算部门应当按照要求将绩效评价结果分别编入政府决算和本部门决算，报送本级人民代表大会常务委员会，并依法予以公开。

2. 科研院所实务实践情况

随着公开透明的预算制度的建立和完善，科研院所未来势必需要将预算绩效公开工作提上日程，当前还主要是"被动公开"阶段，体现在纳入重点一级项目的预算绩效目标和预算绩效评价结果公开，科研院所"主动公开"预算绩效管理工作还有待完善，但公开透明一定是未来预算绩效管理的趋势。

（七）规范引入第三方机构参与预算绩效管理

1. 法律规章制度要求

《中共中央 国务院关于全面实施预算绩效管理的意见》提出可以建立专家咨询机制，引导和规范第三方机构参与预算绩效管理，严格执业质量监督管理。

《财政部关于贯彻落实〈中共中央 国务院关于全面实施预算绩效管理的意见〉的通知》提出推动社会力量有序参与。引导和规范第三方机构参与预算绩效管理，加强执业质量全过程跟踪和监管。提供专家学者和社会公众参与绩效管理的途径和平台，自觉接受社会各界监督，促进形成全社会"讲绩效、用绩效、比绩效"的良好氛围。

《项目支出绩效评价管理办法》提出"部门评价和财政评价应在单位自评的基础上开展，必要时可委托第三方机构实施"。

2021 年财政部专门印发《关于委托第三方机构参与预算绩效管理的指导意见》用以规范第三方参与预算绩效管理的行为。明确了第三方机构参与预算绩效管理的范围，主要包括事前绩效评估和绩效目标审核、绩效评价或评价结果复核、绩效指标和标准体系制定、预算绩效管理相关课题研究等四方面。但同时明确禁止预算部门或单位委托第三方机构对自身绩效管理工作开展评价。对于绩效目标设定、绩效运行监控、绩效自评等属于预算部门或单位强化内部管理的事项，原则上不得委托第三方机构开展，确需第三方机构协助的，要严格限定各方责任，第三方机构仅限于协助委托方完成部分事务性工作，不得以第三方机构名义代替委托方对外出具相关报告和结论。

2. 科研院所实务实践情况

早在 2015 年《中央部门预算绩效目标管理办法》中提到财政部门在审核绩效目标时可以委托第三方予以审核。关于"第三方"，《项目支出绩效评价管理办法》给出定义，"第三方，主要是指与资金使用单位没有直接利益关系的单位和个人"，在《关于委托第三方机构参与预算绩效管理的指导意见》中再次以列举的方式明确，第三方机构是独立于委托方和绩效管理对象的主体，主要包括社会咨询机构、会计师事务所、资产评估机构等社会组织或中介机构，科研院所、高等院校等事业单位等。

基于上述法律规章制度的规定，第三方参与预算绩效管理主要体现在"审核"中，包括对预算绩效目标的审核、对预算绩效结果的评价或再评价等方面，而科研院所在预算绩效管理实践中，往往是聘请第三方机构提供预算绩效目标和指标如何制定等方面的专业意见，促进科研院所预算绩效管理工作从源头上做好，第三方充当的是专家咨询的角色，而绝不能代替科研院所自身开展预算绩效管理工作或评价工作。

二、科研院所预算绩效管理取得的成效

(一) 预算绩效责任主体更加明确

自全面实施预算绩效管理以来，"绩效"的观念已经融入科研院所预算的全过程，科研院所深刻地认识到预算绩效管理工作不再是简单地填写预算绩效目标，也不再是按部就班地完成预算绩效监控和预算绩效自评等表格，而是切切实实地影响着科研院所科研经费的分配工作，更加明确科研院所自身是预算绩效管理的责任主体，科研院所主要负责人对本单位预算绩效负责，项目责任人对项目预算绩效负责，重大项目的责任人还承担着绩效的终身责任，因此科研院所更加主动地做到"花钱必问效"，有效提高了科研院所预算资金的使用效益。

(二) 预算绩效管理体系基本建立

按照党中央、国务院和财政部政策制度的统一要求，科研院所普遍建立了本单位的预算绩效管理制度，使单位预算绩效管理工作的开展能够有据可依；预算绩效管理已深深融入预算编制、预算执行、决算编制等所有环节，预算绩效目标管理与预算的申报、审核、执行和决算等工作节奏同步，实现"事财匹配"的良性管理模式；基本构建了事前、事中、事后预算绩效管理的闭环系统，建立了预算绩效事前评估机制、预算编制强化绩效目标管理、事中做好预算绩效运行监控、事后做好预算绩效评价以及

结果应用等预算绩效管理体系。

（三）预算编制更加突出科学性

科研院所预算绩效管理从预算编制工作开始，体现在牢牢将"先谋事后排钱"的理念融入预算资金分配中，预算资金的需要不是"拍脑袋"得来的，而是必须有科学的、详细的、真实的测算依据，必须有明确的、可量化的、可评价的绩效目标，做实做细科研院所项目库并做好项目的全生命周期管理，通过"项目化全流程管理"的方式切实提高每一笔科研经费安排的有效性，把钱花在刀刃上，进而促进科研院所预算编制的科学性得到大大提升。

（四）预算执行监管更加透明化

随着近年来科研院所财务管理信息化水平的提高，科研院所基本建立了自己的预算管理信息化系统，实现预算编制的系统编报、预算执行的系统申请、预算进度的实时更新、决算结果的自主报告等全流程线上管理新模式，通过系统设置强大的查询、预警及分析等功能，预算执行结果一目了然，预算执行问题也实现及时预警，达到资金可追踪、责任较清晰的预算执行监管效果，因此也实质上提高了预算绩效管理的透明化水平。

（五）预算绩效约束更加刚性化

预算管理系统的设置已将预算绩效管理的理念固化在系统

中，预算编制与预算执行前后联动、无缝衔接，彻底解决了"两张皮"问题。通过系统将预算编制这一预算前端环节预先控制好，在预算执行过程中对超预算、无预算的支出设置禁止的控制模式，有效杜绝一些不相关的支出，倒逼预算绩效责任主体从源头上管住、管好科研资金，长期执行必然会促进预算绩效管理工作取得实质性的改进，对提升科研院所预算编制质量、优化预算绩效目标设置更加切合科研项目等具有重要作用，切实加大了预算绩效制度执行的刚性约束。

（六）预算绩效激励更加实用化

对任何一家科研院所而言，预算绩效管理都不是某一时刻或某一年的工作，而是一个持续运行的法人主体必须长期重视的工作，因此预算绩效管理水平具有非常深远的影响，将上一年度预算绩效评价结果作为下一年度预算安排的参考因素，绩效好的项目继续支持，绩效一般的项目协助优化，绩效差的项目及时暂停，优者奖励，差者惩罚，通过"优胜劣汰"逐年优化科研院所的预算资金安排，也有效促使科研院所的资金安排和业务规划更加聚焦主责主业。

三、科研院所预算绩效管理存在的问题

中共中央、国务院印发的《关于全面实施预算绩效管理的意见》，提出加快建成全方位、全过程、全覆盖的预算绩效管理体系。近年来，国务院、财政部又陆续印发了深化预算制度改革、

项目支出核心绩效目标和指标设置等有关预算绩效管理的文件，用于指导预算绩效管理具体工作的开展，科研院所普遍制定了单位预算绩效管理的制度，建立了预算编制有绩效、预算执行有监控、预算完成有评价的预算绩效管理机制，但在科研院所预算绩效管理的实务工作中仍存在观念上缺乏内在动力、应用上停留在完成规定动作、方式方法上缺乏案例参考等带来的一些问题。

（一）预算绩效管理内生动力不足

按照中共中央、国务院《关于全面实施预算绩效管理的意见》的要求，科研院所制定了单位预算绩效管理的办法，但在制度执行方面，普遍停留在完成上级要求的规定动作层面，包括按照财政部统一要求在填报预算时编制预算绩效目标和指标信息，完成年中预算绩效监控和年末预算绩效自评等工作，对预算绩效管理在落实中央"过紧日子"、推进国家治理能力现代化等方面缺乏深刻认知，无法充分发挥预算绩效管理对提升单位财务治理效能的作用，预算绩效管理工作存在"财务热、业务冷"的现象，呈现"被动绩效"的局面，"主动绩效"的动力有待进一步增强。

（二）预算绩效全过程管理流于形式

预算绩效管理要将绩效目标管理、绩效跟踪监控管理、绩效评价及结果应用管理纳入预算编制、执行、监督的全过程。很多科研院所预算绩效管理的实务工作停留在完成上级部门的规定动作层面，预算绩效的全过程管理流于形式，缺乏对预算绩效管理各环节深度的、系统的、完整的管理机制，无法达到预算绩效管理的既定目标和预想效果，预算绩效管理往往成为管理部门的一项工作，而非助力业务部门提升业绩的催化剂，无法充分发挥预算绩效管理在提升单位资金分配方面应有的作用，导致预算绩效管理与科研院所事业发展缺乏必然联系性。

（三）预算绩效事前评估覆盖面窄

预算绩效事前评估在论证科研项目的必要性和可行性等方面具有非常重要的作用，但往往由于预算编制环节预留的事前评估时间紧迫、事前评估投入的人力物力较大以及事前评估发生的成本属于沉没成本等多种原因，导致科研院所存在项目预算绩效事前评估环节缺失、未充分开展事前绩效评估或预算绩效事前评估仅局限在重大项目上未覆盖到所有科研项目等问题，无法将"先谋事后排钱"的理念做到真正落地实施。

（四）预算绩效目标管理效果欠佳

预算绩效目标不仅包括预算资金执行方面，更多的是科研任务本身要达到的目标和指标，但在科研院所实务工作中存在预算绩效目标编制过于宽泛、不够具体、产出效果反映度不够，预算绩效指标中的定性指标过多、可衡量可评价的定量指标较少，科研人员对预算绩效指标的意义理解度不高、无法设定完全契合研究项目的指标等问题，导致预算绩效目标的设定和后续评价有"自导自演"的可能，预算绩效目标管理失去真正的价值。

(五) 预算绩效监控和评价结果失真

预算绩效监控和预算绩效评价是预算绩效管理的成果检验环节，旨在督促科研院所在完成科研任务时注重预先制定的预算绩效目标，但在科研院所实务工作中存在预算绩效监控程序化、未充分发挥中期监控推动项目进展的作用，预算绩效评价存在权重设置不科学、缺乏有效的评价方法、评价得分虚高等问题，导致预算绩效监控和预算绩效评价的结果失真，无法实现优胜劣汰的生态效果。

(六) 绩效评价结果未能有效应用

对项目进行绩效评价并有效应用评价结果是预算绩效管理的最后一个环节，绝大多数科研院所按照相关要求对项目进行了绩效评价，但在评价结果的应用方面普遍存在缺陷，比如预算绩效管理的成果挖掘分析还不够，预算绩效目标和评价结果公开存在阻力，预算绩效结果应用"宽松软"，绩效评价大多是软约束，绩效评价结果难以与预算分配挂钩，无法建立科学有效的绩效评价——预算安排联动机制，未真正应用预算绩效评价的结果。

第四节 科研院所预算绩效管理的对策与建议

全面实施预算绩效管理是推进科研院所财务治理现代化的必然要求，是优化科研院所资源配置的关键举措。针对科研院所预算绩效管理存在内生动力不足等问题，从预算绩效管理的领导主体、项目责任主体、预算绩效管理环节等多角度提出改进科研院所预算绩效管理的建议。

一、增强自我革命意识，硬化预算绩效主体责任

科研院所应当将预算绩效管理作为落实中央"过紧日子"要求的重要举措，增强刀刃向内的自我革命意识，充分认识到"花钱必问效"的实质意义。尤其是科教兴国战略和创新驱动发展战略的贯彻实施以来，政府对科研经费投入越来越多，科研产出要求必然越来越高，对科研产出的监管也会越来越严，必须追溯产出责任主体，硬化责任约束。

（一）增强预算绩效管理工作的统一认识

科研院所预算绩效管理工作不仅仅是财务部门或科研经费管理部门的工作，更是科研院所聚焦主责主业的重要管理工具，通过做好预算绩效管理工作提升预算资金的使用效益，将钱用在最需要的地方，力求提升科研院所的科研产出成果质量。因此，必须增强科研院所全体人员对预算绩效管理工作的统一认识，以主要负责人挂帅的"一把手工程"带动全员参与到预算绩效管理工作中去。

（二）建立预算绩效管理工作的联合机构

预算绩效管理工作的开展必须有牵头部门负责统筹安排，但

更需要业务等相关部门真正融入进来，探索建立"财务＋科研＋X"的联合管理机构机制，以财务部门作为牵头部门，科研管理部门作为指导部门，相关业务部门作为责任部门，将预算资金的分配、使用及评价有机结合，将预算绩效信息及时同步，将预算绩效管理工作作为服务事业发展的一个重要抓手，而非仅仅是一项事务性工作，力求把预算绩效管理工作在科研院所内部治理效能中的作用发挥出来。

（三）完善预算绩效管理工作的保障基础

巧妇难为无米之炊，任何工作质量的保证都需要打好工作基础。科研院所做好预算绩效管理工作需要有坚强的保障基础，建议建立预算绩效指标编制咨询专家库，每年定期举办一次或多次预算编制咨询会；建议建立适合科研院所自身业务特色的预算绩效专家评委机制，协助做好年末预算绩效自评工作；通过提高预算绩效管理的专业化水平保障科研院所预算绩效管理工作取得实效。

二、加强预算绩效培训，提升业务人员的认同度

建立预算绩效培训机制，在预算绩效目标和指标编制阶段邀请项目绩效专家或业界同行开展设定项目绩效目标的培训和交流，提升业务人员对预算绩效的概念、意义、设定方法、设定依据，设定标准等的认识，源头上做好预算绩效管理，同时帮助业务人员梳理清楚项目要钱做什么，要达到什么样的效果，制定契

合项目研究目的的绩效目标。

（一）加强面向科研人员的专业培训

提到预算绩效管理，往往认为是一个财务问题，以为提高财务人员业务能力就可以提高预算绩效管理的能力，但实际上，预算绩效背后的实质是科研项目本身，明确了科研项目要做什么、为什么做、能做得怎样才能测算需要多少资金支持，如何使用这些资金以及能达到什么效益。因此，本质上需要科研院所的主责主业人员即科研人员提升对预算绩效工作的认同和理解。加强面向科研人员的专业培训，聘请预算绩效专家或提供同行优秀案例帮助科研人员从业务本身以及预算业务相结合的角度理解预算绩效管理工作。

（二）建立传帮带式的自我培训机制

科研院所的主责主业一般聚焦于某些领域，长期来看，意味着一个科研院所的科研项目性质具有相似的属性，实施预算绩效管理的初期，通过加大对科研人员的外部培训提高科研院所预算绩效管理的水平，随着预算绩效管理制度和流程的日益完善，尤其对于同一科研院所而言，会形成一套适合科研院所自身的预算绩效管理机制，因此可以邀请承担科研项目的前辈们做好项目传承，进行传帮带式的自我培训，建立自我培训机制对科研院所也更加具体和实用。

（三）提高预算管理人员的宣讲能力

　　财务工作者往往是习惯埋头干工作，与业务部门的沟通较少，不善于组织科研院所内部宣讲，但预算绩效管理的概念本身是财务研究的范畴，预算绩效管理的内容实质是科研业务的范畴，如何将两者有机融合起来是科研院所预算管理人员应当思考的问题，提高科研院所预算绩效管理人员的专业能力、表达能力以及宣讲能力，有利于财务工作者更有效地将政策文件转变为实际行动。

三、完善单位项目库，建立事前绩效评估机制

　　围绕科研院所的长期规划和年度重点任务，征集单位重大重点项目的选题，完善科研院所项目库，建立重大重点项目事前绩效评估机制，充分论证项目研究的必要性、可行性，对科研院所事业发展的贡献度等，防止"拍脑袋决策"，减少无效资金的安排。

（一）加强科研院所项目分类制管理

　　很多科研院所对于科研项目都有项目分类管理，有的依据资金来源与资金拨款形式的关系将科研项目划分为财政性资金项目和非财政资金项目，有的依据科研项目拨款单位的性质划分为纵向项目和横向项目，有的依据项目设置是否为科研院所内部管理需要划分为外部项目和内部项目等，上述项目分类管理往往是已获得资助的项目的现有管理模式。

建立科研院所单位项目库是基于科研院所的长期规划建立储备项目库的机制，因此本书认为可以突破传统项目管理思维，依据科研项目选题是否来自国家的长期战略规划、是否来自科研院所的重点研究方向或是否基于科研人员兴趣等分为重大项目、重点项目、一般项目和自由探索项目等，不同类别的项目建立不同的事前绩效评估机制，便于寻求研究资助时能有的放矢。

实际操作中，重大项目可聘请行业内知名专家进行全方位的事前绩效评估，充分论证项目的研究意义是否符合国家的重点研究方向，纳入科研院所申请国家重大招标类项目备选项目库；重点项目可聘请科研院所内部专家进行切合科研院所发展的事前绩效评估，论证科研项目是否助力科研院所主责主业的事业发展，纳入科研院所内部科研资金分配类项目备选项目库；一般项目和自由探索项目可由科研项目团队论证科研项目研究的必要性和可行性，必要时可由科研院所统一组织事前绩效评估，纳入科研院所内部科研资金分配类项目备选项目库。

（二）以信息化建设助力项目库建设

项目库顾名思义是包含大量科研项目的一个"管理包"，这个管理包既有已经获得资金资助的完成项目和在研项目，也有等待获得资金资助的储备项目和预研项目，随着科研院所事业的蓬勃发展，科研院所项目库必然呈现出包含大量项目的大型数据库的特征，依赖人工线下管理一定是无法满足管理需要的，因此必须借助信息化的手段，完善项目库的分层分类管理，实现项目基础信息管理和科研院所特色管理的功能，以统一的顶层设计推动科研项目信息化管理的规范化、科学化和实用化。

（三）分步完善事前预算绩效评估机制

事前预算绩效评估机制是有效保障预算资金安排合理有效的一个手段，谁申请资金、谁有责任对科研项目进行事前预算绩效评估，基于科研院所项目类型较多、项目数量较大的背景，建议科研院所建立"分步走"的事前预算绩效评估机制。基于前述项目库的项目类别，进行分类别、分责任、分方法的事前绩效评估。比如，重大项目由科研院所科研管理部门协同业务部门聘请业界专家进行全方位的事前绩效评估；重点项目由科研院所科研管理部门组织事前绩效评估；一般项目和自由探索项目由项目所在部门组织事前绩效评估，通过分步、分类、分层次的事前预算绩效评估方法逐步完善科研院所事前预算绩效评估机制。

四、建立通用绩效模板，规范预算绩效的管理流程

围绕科研院所主责主业，梳理主要项目类型，通过专家咨询研讨方法等建立单位通用的绩效模板，有助于单位同类型业务之间建立有效的横向可比机制，也便于延续性项目进行有价值的纵向对比，进而规范单位预算绩效管理的流程。

（一）公益研究类项目预算绩效模板

科研院所多数属于公益二类事业单位，公益性科学研究是其开展主责主业研究的重要部分，比如基本科研业务费资助项目

等，本书将该类科研项目归类为公益研究类项目。公益类研究项目绩效目标和绩效指标的设置模板参考如表 5 所示。

表5　公益研究类项目预算绩效模板

绩效目标	分条描述项目完成后预期达到的目标，产出多少成果，具有怎么样的影响力，即项目的总任务、总产出和总效益		
绩效指标	按照《中央部门项目支出核心绩效目标和指标设置及取值指引（试行）》的要求，根据项目情况细化指标		
一级指标	二级指标	三级指标	指标值
产出指标	数量指标（回答项目产出了什么的问题）	完成调研报告/研究报告数量；完成专刊/专著数量；上报决策服务报告/建议等	≥××篇
	质量指标（回答项目产出怎么样的问题）	高质量论文数量；评审合格率；领导批示率等	≥××篇或≥××%
	时效指标（回答项目产出进度的问题）	项目按时结题率	≥××%
效益指标	社会效益指标（回答项目产生什么影响的问题）	成果刊发/媒体宣传次数；研究成果被引用/转载次数；政策被采纳次数等	≥××次
满意度指标	服务对象满意度（回答他人如何评价项目成果的问题）	研究对象或受益主体满意度等	≥××%

（二）委托研究类项目预算绩效模板

科研院所除日常公益性科研项目外，往往还承接上级部门或其他部门委托的研究项目，委托研究类项目一般具有较为明确的研究任务，包括调研任务、制定标准或规范等。委托研究类项目绩效目标和绩效指标的设置模板参考如表6所示。

表6 委托研究类项目预算绩效模板

绩效目标	分条描述项目完成后预期达到的目标，即项目的总任务、总产出和总效益，包括预期通过什么形式实现既定的研究任务，能产出什么成果，达到怎样的标准等		
绩效指标	按照《中央部门项目支出核心绩效目标和指标设置及取值指引（试行)》的要求，根据项目情况细化指标		

一级指标	二级指标	三级指标	指标值
产出指标	数量指标（回答项目产出了什么的问题）	完成调研报告/研究报告数量； 组织相关业务会议数量； 制定了标准或指标数量； 上报决策服务报告/建议篇数等	≥××篇/个
	质量指标（回答项目产出怎么样的问题）	高质量报告数量； 评审合格率； 委托部门采纳率等	≥××篇/%
	时效指标（回答项目产出进度的问题）	项目按时结题率	≥××%
效益指标	社会效益指标（回答项目产生什么影响的问题）	成果刊发/媒体宣传次数； 研究成果被引用/转载次数； 政策被采纳次数； 推动相关领域出台政策等	≥××次
满意度指标	服务对象满意度（回答他人如何评价项目成果的问题）	委托部门满意度等	≥××%

（三）改善科研条件专项类项目预算绩效模板

为保障科研院所科研人员的基本科研办公条件，科研院所可以申请改善科研条件专项类资金的资助，用于帮助科研院所修缮科研用房和基础设施或购置和开发科研仪器设备等。其绩效目标和绩效指标的设置模板参考如表 7 所示。

表 7　改善科研条件专项类项目预算绩效模板

绩效目标	分条描述项目完成后预期达到的目标，即项目的总任务、总产出和总效益，包括预期完成什么任务，达到什么标准，符合什么验收要求、受益对象是否满意等		
绩效指标	按照《中央部门项目支出核心绩效目标和指标设置及取值指引（试行）》的要求，根据项目情况细化指标		
一级指标	二级指标	三级指标	指标值
成本指标	经济成本指标（回答项目产生了多少成本的问题）	工程建设成本控制范围；设备购置或升级成本控制范围等	≤××元
产出指标	数量指标（回答项目产出了什么的问题）	房屋修缮面积；基础设施改造面积或长度；购置或升级设备数量等	≥××平方米/米/个
	质量指标（回答项目产出怎么样的问题）	工程验收通过率；设备验收通过率；采购程序合规率；设备故障率控制范围等	≥××%或≤××%
	时效指标（回答项目产出进度的问题）	竣工时间；验收时间；工程按计划完工率等	不晚于某个时间或≥××%

续表

一级指标	二级指标	三级指标	指标值
效益指标	社会效益指标（回答项目产生什么影响的问题）	延长房屋使用年限； 基础设施改造节约能源量； 设备持续发挥作用期限等	≥××年/度电
	生态效益指标（回答项目对环境带来什么影响的问题）	设施节能率； 设备降耗率	≥××%
满意度指标	服务对象满意度（回答他人如何评价项目成果的问题）	受益对象满意度等	≥××%

五、预算绩效监控系统集成，及时有效优化产出成效

通过优化预算绩效管理的信息化系统，建立定期预算绩效监控提醒机制，便于科研院所和项目责任人统筹项目的研究进度和产出成效，发挥及时反馈与纠偏的作用，有效项目多安排资金，低效项目压减资金，无效项目及时停止资助，使每一分钱都用在刀刃上，发挥其最大的价值。

（一）统筹建立预算绩效监控系统

大数据时代离不开信息化系统的发展，预算绩效监控系统不仅要能够反映预算资金的执行进度，也要反映科研项目绩效目标和指标的执行情况，实现"双监控"，这就离不开相关职能部门

和业务部门共同出谋划策。如何将预算绩效监控的信息进行系统集成，建议建立由财务部门、科研部门、业务部门和信息化部门共同组成统筹管理小组，将财务语言、科研语言和业务语言协同纳入预算绩效监控系统。

（二）完善预算绩效监控预警机制

关于预算绩效监控如何实现"双监控"，在预算绩效监控系统建设初期需要明确系统建设的目标，确定预算绩效监控的内容和形式，设定预算绩效监控预警的规则和被预警对象。建议科研院所结合自身主责主业的特色和内部管理需要，设定预算绩效监控的节点、划分每个节点负责的部门和相应责任，能够形成实时反映预算绩效执行情况以及定期形成预算绩效监控报告的工作机制。

（三）发挥过程中监管的实质效用

通过系统固化预算绩效监控，实现实时监控就是为了提高监控的及时性和有效性。如何用好预算绩效监控的结果，充分发挥过程中监管的效用，还要制定"处理问题"的方案，例如，对于进展不顺利的科研项目发出预警、查找原因、及时纠偏或暂停；对于进展顺利的科研项目分析进展、总结经验、充分挖掘长期研究点和延伸研究的必要性，及时追加预算或储备项目等。

六、推进绩效结果应用，优化预算资金分配机制

科研院所普遍具有科研经费的分配权力，建立可执行的预算绩效结果应用方案是推进单位科研经费高效分配机制的途径，进行部门和项目组等多维度的预算执行、绩效产出横纵对比分析，推进绩效结果应用，建立优胜劣汰的机制，逐步形成资金分配的良性循环。

（一）建立科研院所绩效评价机制

预算绩效评价分为绩效自评和绩效他评。绩效自评由科研院所自行组织开展，具体由科研项目承担人员根据初期设定的绩效目标和绩效指标进行据实性评价；绩效他评建议由科研院所组织第三方评价机构针对科研院所重点项目或一类项目进行宏观和微观等多个角度的评价，并提出针对科研院所预算绩效的管理建议；预算绩效评价机制本身是促进预算资金有效配置的重要手段，在预算绩效评价工作开展过程中同时需要权衡好成本效益原则，避免为了评价而评价，更要注重评价工作的效用。

（二）加强预算绩效评价结果分析

预算绩效评价不是目的，目的是通过开展预算绩效评价工作促进科研院所预算资金安排和使用以助力事业的发展。因此，有必要根据科研院所战略管理需要，明确预算绩效结果分析的组织、对象、内容、形式等，明确如何开展、由谁组织、结果如何

分析等问题。加强预算绩效评价结果分析可以从以部门为单位、以项目类型为单位、以项目负责人为单位或以单个项目为单位等多角度开展。

（三）完善预算绩效评价结果应用

预算绩效评价结果的应用指的是将预算绩效评价的结果作为以后年度预算资金安排的重要参考依据，是科研院所优化资源配置的重要抓手，提高科研院所预算管理水平的关键环节。预算绩效评价结果的应用应当将预算安排与绩效结果衔接起来，明确优胜劣汰的具体举措；将绩效评价结果作为科研奖励的一项指标，明确科研激励的详细办法；将预算绩效结果用于协助科研院所做出预算决策，明确预算决策的程序。

总之，本章围绕科研院所预算绩效管理展开研究，从相关概念界定着手确定本章的研究对象，从科研院所科研领域"放管服"改革、科技成果转化要求、政府购买服务改革、成本核算要求、预算绩效管理一体化改革要求和内部治理等多角度充分论证了科研院所财务治理实施预算绩效管理的必要性，从法律规章制度规定和科研院所实务实践两个层面详细概述了科研院所预算绩效管理的现状，深度挖掘分析了科研院所预算绩效管理取得的成绩及存在的问题，最后针对科研院所预算绩效管理提出分环节、更具体、更实用的对策和建议，期望为进一步规范科研院所预算绩效管理流程、优化预算绩效管理机制、推进预算绩效管理发挥实效提供参考。

第四章　内部控制

  科研院所开展内部控制的建设与实施是国家治理体系和治理能力现代化的内在要求。内部控制是科研院所财务治理的重要组成部分，是围绕制衡机制和风险控制而开展的一系列规则和流程设计，是科研院所有效防范风险、规范权力运行的主要手段，是提高管理运行效率的重要支撑，是推进科研院所财务治理体系不断创新的长效保障机制，更是贯彻落实党的十八届四中全会、十九届四中全会关于"强化内部流程控制，防止权力滥用""健全分事行权、分岗设权、分级授权、定期轮岗制度"等决策部署的主要抓手。

  本章以国家关于加强科研院所内部控制和科研经费管理相关政策为依据，从科研院所业务层面内部控制的角度分析当前科研经费管理中存在的风险，提出科研院所应建立并完善涵盖科研经费预算管理、科研项目收支管理、政府采购管理、资产管理、科研合同管理等业务的一体化内部控制信息系统，加强科研经费内部控制，以实现保证科研活动合法合规、有效防

范舞弊和预防科研腐败、提高科研经费使用效益的内部控制
目标。

第一节　科研院所财务治理实施
内部控制的必要性

科技创新是引领发展的第一动力，科研经费是科技创新的重
要支撑和保障。随着我国高度重视科技创新，科技经费投入稳步
增长，2021 年，国家财政科学技术支出 10766.7 亿元，比上年增
加 671.7 亿元，增长 6.7%。其中，中央财政科学技术支出
3794.9 亿元，占全国财政科学技术支出的比重为 35.2%；地方
财政科学技术支出 6971.8 亿元，占比为 64.8%。❶ 然而与上万
亿元的科研经费投入相伴的是科研腐败时有发生，科研经费使用
效益低下，只有加强对科研经费内部控制才能确保科研经费支出
合法合规，有效防范科研活动中的经济舞弊行为。

科研院所作为专门开展科学研究的专业机构，科研经费管理
是单位管理特别是财务管理的主要内容，由于科研项目种类繁
多，内部管理层级复杂，传统的内部控制已不能满足当前对科研
经费在预算、收支、合同等方面规范化、标准化、精细化的管理
要求，亟待加强内部控制信息系统建设，通过信息化手段在为科

---

❶　国家统计局 科学技术部 财政部. 2021 年全国科技经费投入统计公报［R/
OL］.（2022 – 08 – 31）［2023 – 02 – 15］. http：//www. gov. cn/xinwen/2022 – 08/31/
content_5707547. htm.

研人员提供"放管服"的同时达到科研经费内部控制的目的。

一、科研院所开展内部控制的制度逻辑

内部控制的提出至今已有 80 多年，该词最早在 1936 年的《注册会计师对财务报表的审查》中作为审计术语出现，前后经过了五大发展阶段。从最初的仅限于财务发展到涵盖整个组织的一种控制管理。美国反虚假财务报告委员会下属的发起组织委员会（Committee of Sponsoring Organizations，COSO）在 2013 年经过修订发布的新版《内部控制 – 整合框架》是目前最为权威的内部控制理论，适用于包括企业、政府部门、非营利组织在内的所有组织，该框架在理论和实务界备受推崇，在美国及全球得到了广泛推广和应用。

在国内，内部控制最早可追溯到西周时期，体现为分权控制和九府出纳制度，可见起步是非常早的，由于清代后期以来的封闭与生产力落后导致内部控制未能形成完整的理论。改革开放以后，企业作为最有活力的市场主体，为了建立现代企业制度和提高生产力，不断建立健全内部控制制度。近年来，我国的内部控制规范体系借鉴 COSO 内部控制框架体系的思想，运用内部控制框架的要素，自 2011 年起在上市公司和国有企业逐步实施以来，取得了明显的效果。

科研院所内部控制的制度逻辑是依据政治学、行政学、经济学、管理学、法学、社会学、哲学等理论基础和思想，结合科研院所具体管理制度和科研院所的特定属性，对科研院所内部控制

的制度设计与制度实施所进行的制度解析和逻辑归纳。❶ 2017 年修订的《会计法》第 27 条规定，各单位应当建立、健全本单位内部会计监督制度，单位内部会计监督制度应当符合记账人员与经济业务事项和会计事项的审批人员、经办人员、财物保管人员的职责权限应当明确，并相互分离、相互制约；重大对外投资、资产处置、资金调度和其他重要经济业务事项的决策和执行的相互监督、相互制约程序应当明确等要求，这是法律层面对单位内部控制做出的要求。目前我国企业建立起了内部控制规范体系，内部控制受到企业的高度重视，而行政事业单位内部控制工作起步晚，成熟程度较低，受重视程度差，导致事业单位特别是科研院所的内控工作不够理想。

2012 年 11 月 29 日，财政部印发《行政事业单位内部控制规范 （试行）》（财会〔2012〕21 号），以部门规章的形式明确了行政事业单位内部控制的内容，即通过制定制度、实施措施和执行程序，实现对行政事业单位经济活动风险的防范和管控，包括对其预算管理、收支管理、政府采购管理、资产管理、建设项目管理以及合同管理等主要经济活动的风险控制。科研院所作为国家机关举办或者其他组织利用国有资产举办的，从事教育、科技、文化、卫生等活动的社会服务组织，适用于《行政事业单位内部控制规范 （试行）》。

《行政事业单位内部控制规范 （试行）》颁布后，各科研院所根据规范逐步建立并组织实施了适合本单位实际情况的内部控

---

❶ 李卫斌. 行政事业单位内部控制的制度逻辑与实施机制研究 ［M］. 北京：中国财政经济出版社，2020：2 – 15.

制体系，包括梳理单位各类经济活动的业务流程，明确业务环节，系统分析经济活动风险，确定风险点，选择风险应对策略，在此基础上根据国家有关规定建立健全各项内部管理制度并督促相关工作人员认真执行等。实践证明，科研院所开展内部控制建设对提高单位内部管理水平，加强廉政风险防控机制建设，推动法治政府和服务型政府建设，推进国家治理体系和治理能力现代化等方面取得明显成效。

为进一步推动行政事业单位加强内部控制建设，财政部在对各单位内部控制建立与实施工作的开展情况进行全面深入调研的基础上，于 2017 年 1 月印发《行政事业单位内部控制报告管理制度（试行）》（财会〔2017〕1 号）。自此，行政事业单位于每年上半年编报内部控制报告，对本单位上一年度单位内部控制建设情况进行自评并上报单位主管部门和财政部门。通过编报内部控制报告，单位及时对内部控制报告中反映的信息进行分析，发现内部控制建设工作中存在的问题，对确保单位内部控制的有效实施，发挥内部控制在提升单位内部治理水平、规范内部权力运行、促进依法行政、推进廉政建设中发挥了重要作用。

随着国家科研经费投入量的不断增加，对科研院所科研经费进行内部控制是科研院所一项重要的管理活动，是推进事业单位治理结构和治理能力现代化的关键点。行之有效的内部控制有利于促进事业单位内部治理特别是财务治理水平，进而促进各项事业健康有序发展。科研院所开展内部控制建设对落实我国科研领域"放管服"政策，适应政府会计改革的核算要求，充分发挥科研院所主体责任，实现科研院所治理体系和治理能力现代化具有举足轻重的作用。如何管好用好科研经费，建设具有科研工作特点的内部控制管理体系是科研院所内控工作的题中应有之义。

二、科研院所开展内部控制的必要性

随着科技体制改革的不断深化，科研院所的职能定位和业务内容较以前更为明确和集中，主要以开展基础研究、前沿技术研究、社会公益研究以及科学普及等公益性活动为主。内部控制是科研院所内部管理的重要组成部分，是为实现其职能定位而制定并实施的一系列制度和流程，有效的内部控制体系对科研院所推进治理体系和治理能力现代化，特别是财务治理体系现代化，发挥科研院所的公益属性，提高总体科研能力具有重要意义。

(一) 全面依法治国的要求

党的二十大报告强调，坚持全面依法治国，推进法治中国建设。对于科研院所而言，贯彻落实依法治国的要求首先要依法治院，依法治所，必须要加强对科研院所内部权力的制约，对内部资金分配使用、国有资产管理、对外投资、合同签订等权力集中的部门和岗位实行分事行权、分岗设权、分级授权，定期轮岗，强化内部流程控制，防止权力滥用，形成科学有效的权力制约和协调机制，把权力关进制度的笼子里，用制度管权管事管人，确保科研院所按照法定的权限和规定的程序行使权力。

(二) 强化财会监督的要求

党的十九届中央纪委四次全会首次将财会监督纳入党和国家监督体系，并提出将财会监督与其他形式的监督有机贯通、相互协调。内部控制作为财会监督的重要手段，将制衡机制、授权审批等控制措施有效嵌入科研院所日常管理活动之中，可以实现"控制关口"前移，有助于发现问题、纠正偏差，具有事前、事中和事后全过程监督的特点。这就要求科研院所充分发挥内部控制的全流程监督作用，联合纪检监察部门加强对科研院所内部控制规范的监督，逐步提高内部控制的实施效果。

(三) 开展财务治理的需要

随着国家治理体系和治理能力现代化相关要求的提出，科研院所不断健全法人治理结构，强化民主决策机制，构建科学高效运行机制成为建设现代科研院所的必然选择，迫切需要不断提高科研院所的内部治理水平。内部控制系统建设对科研院所提高内部管理水平，建设现代科研院所至关重要。将科研经费内部控制建设成果嵌入单位信息化管理平台之中，实现人事、财务、科研、采购、资产等管理部门之间的良性互动和信息数据的共享共用，可以大大提高科研院所的管理工作效率和服务水平，对推动科研院所规范化、合理化和科学化发展意义重大。

（四） 加强科研经费管理的需要

科研院所各项工作的顺利开展需要科研经费的支持，必要的科研经费是提高科研能力的重要保障。随着国家对科技工作的支持，财政性科研经费投入逐年增加，科研院所多渠道筹措科研经费的能力也在不断增强。随着科研经费的增加，科研经费使用方面存在的问题也随之增加，近年来巡视、监察、审计等结果显示，科研经费使用方面依然存在诸如列支与科研活动无关的费用、编制虚假合同虚报冒领科研经费、政府采购中权力寻租、国有资产流失等问题，只有加强对科研经费的内部控制，才能合理有效防范科研经费使用风险，提高科研经费使用效益。

第二节　科研院所内部控制的内容

一、内部控制的理论综述

（一） 国外内部控制理论综述

内部控制（Internal Control，简称内控）的概念源自企业经营管理，自企业经营开始就存在于企业内部，后来逐渐发展到商业、金融、证券、保险等诸多行业的风险管理领域。国外关于内部控制理论的学术研究较为成熟，其在发展过程中也形成较为丰硕的成果，这些成果为指导企业和其他公司按照内部控制理论制定内部规章制度、运营管理企业提供了有力的理论支撑。目前，国外认可的内控理论发展变化主要分为内部牵制（internal check）、内部控制制度（internal control System）、内部控制结构（internal control structure）、内部控制整体框架（internal control integrated framework）四个阶段。

20 世纪 70 年代，美国爆发了大规模的公司会计欺诈和公司内部控制失效事件，1977 年美国出台《反海外贿赂法》，第一次规定了管理层有义务在企业内部保持适当的会计控制系统，迫使企业重视内部控制概念的运用，这是 COSO 内部控制框架的雏形。2013 年，美国 COSO 委员修订完成了系统的描述内部控制的报告《内部控制 – 整合框架》，提出内部控制结构概念，三类目标以及内部控制的五个要素：控制环境、风险评估、控制活动、信息与沟通和监控活动，这五要素成为未来企业和科学事业单位建立内部控制体系的基础。

（二）国内内部控制理论研究

我国对内部控制的理论研究是由审计研究的发展引起的，因此国内内部控制理论的研究相对于西方发达国家而言，起步较晚。触发内部控制热潮是在 1980 年后，大批量的财务报告信息作假和财务舞弊行为被发现，学术界和实务界才开始对这一领域加以关注。20 世纪 90 年代起，我国开始加大对企业内部控制的推行，陆续出台了相关的内部控制规范。1996 年 12 月财政部颁布《独立审计具体准则第 9 号——内部会计控制与审计风险》，2000 年颁布的《会计法》中提到"建立、健全本单位内部会计监督制度"，首次将内部控制融入制度改造。2001 年 11 月财政部颁布《内部会计控制规范——基本规范（试行）》和《内部会计控制规范——货币资金（试行）》，2008 年 6 月 28 日财政部、证监会、审计署、银监会、保监会联合发布我国第一部《企业内部控制基本规范》并于 2009 年 7 月 1 日开始执行。

2010 年以后，内部控制理论逐渐由企业转向应用于行政事业单位等非营利组织，财政部印发的自 2014 年 1 月 1 日起施行的《行政事业单位内部控制规范（试行）》是科研院所开展内部控制工作的基础。自此，各部委及省级政府分别就该《规范》落实推出了相应的实施办法。

（三）科研院所内部控制理论研究

行政事业单位内部控制的研究成果主要集中在高校并且成果不是很丰富，专门针对科研院所的内控研究比较少见。目前，科研院所内控研究主要是应用层面，比如孙彦永、傅瑾❶设计了一种基于科研院所业务活动轨迹及管理职能主线的矩阵模型，将科研院所内部控制管理的过程、管理目标、管理关键点、管理界面进行清晰展示；王玲❷、刘娟❸等在分析科研院所内控建设的现状和成因的基础上，提出构建科研院所内控管理体系，相关措施

---

❶ 孙彦永，傅瑾. 浅析科研院所构建基于内部控制的财务体系 [J]. 财务与会计，2011（12）：56.

❷ 王玲. 新时期科研院所如何建立"接地气"的内控体系 [J]. 财会研究，2016（12）：68 – 70.

❸ 刘娟. 科研院所内控体系建设研究 [J]. 财会学习，2018（25）：241 – 242.

包括强化内控意识、改进内控方法、加强顶层设计、优化内控制度、提升内控手段等；许真知❶、高珊珊❷等提出科研院所科研经费内部控制的完善途径，分析科研院所科研经费内部控制在预算编制、使用、决算等环节普遍存在的问题并提出完善科研院所科研经费内部控制的建议。

关于科研院所内部控制研究比较零散，重点都在关注科研经费的内部控制体系构建以及科研经费的会计控制。科研院所科研项目经费的内部控制是基于内部控制基本规范和指引下，对科研院所科研活动这一业务领域所进行的全过程管理，是为实现科研经费管理内部控制目标，通过制定制度，实施措施和执行程序，对科研活动的经济风险进行防范和管控。

总之，内部控制的大量研究是基于企业、金融机构等营利组织的业务特点而进行的，对于高校、事业单位等非营利组织的内部控制的研究，只有一些零星、对于某些方面的比较浅层次的探索，没有形成系统的理论和应用设计框架体系。

二、内部控制的主要内容

《行政事业单位内部控制规范（试行）》明确规定，事业单位内部控制的内容包括单位层面内部控制和业务层面内部控制两

---

❶ 许真知. 科研院所科研经费内控管理的完善途径［J］. 中国总会计师，2017（7）：147－149.

❷ 高珊珊. 科研院所科研项目经费内控系统建设探索［J］. 行政事业资产与财务，2019（17）：48－50.

个方面，其中单位层面的内部控制主要包括内部控制工作的组织情况、内部控制机制的建设情况、内部管理制度的完善情况、内部控制关键岗位工作人员的管理情况、财务信息的编报情况等；业务层面内部控制包括事业单位预算管理情况、收支管理情况、政府采购管理情况、资产管理情况、建设项目管理情况、合同管理情况、科研项目管理情况、科研经费管理情况，上述业务基本覆盖了事业单位经济活动的各类业务，各项业务控制管理是否科学，直接决定了单位能否对经济活动的风险进行有效防范和管控，进而决定了单位财务治理的水平。

（一）单位层面的内部控制

顾名思义，单位层面的内部控制主要是科研院所内部控制环境，即影响和制约科研院所内部控制建设和实施的单位层面的主客观条件，是科研院所有效管控经济和业务活动的基础，单位层面内部控制涉及内部控制组织机构、单位决策机制、内控关键岗位管理、不相容岗位职责管理、财务管理体系、内控信息系统建设等方面。

1. 组织机构

科研院所内部控制的组织机构包括单位层面组织机构和部门层面组织机构，单位层面组织机构是指单位的主要职责即主责主业，部门层面组织机构包括科研院所的部门设置、部门职责以及具体岗位职责。在内部控制方面，科研院所应当单独设置内部控制职能部门或者确定内部控制牵头部门，负责组织协调内部控制工作。同时，应当充分发挥各行政部门包括院务办公室、党委办公室、纪检监察室、审计处、人事处、科研处、财务处等部门或岗位在内部控制中的作用。

2. 决策机制

决策机制是指科研院所领导班子议事决策程序等，决策机制应包括建立健全集体研究、专家论证和技术咨询相结合的议事决策机制。科研院所应明确实行集体决策的重大经济事项的范围，如大额资金使用、大宗设备采购、建设项目等重大经济事项的内部决策流程，做好记录备案，如实反映每一个领导班子成员的决策过程和意见，对决策执行的效率和效果进行跟踪评价，避免决策走过场，失去权威性。科研院所还要明确具体各项经济活动如"三重一大"决策事项审定与执行监督、预算编制与分解、资产盘点与处置等业务岗位的审核审批权限及业务流程等。

3. 内控关键岗位管理

科研院所应全面梳理预算业务管理、收支业务管理、政府采购业务管理、资产管理、合同管理、科研经费管理以及内部监督等经济活动的关键岗位，明确关键岗位的职责权限。加强内控关键岗位管理就是要建立健全内部控制关键岗位责任制，明确岗位职责及分工，确保不相容岗位相互分离、相互制约和相互监督。科研院所内部控制关键岗位工作人员应当具备与其工作岗位相适应的资格和能力，单位层面要加强内部控制关键岗位工作人员业务培训和职业道德教育，不断提升内控关键岗位的业务水平和综合素质。

4. 不相容岗位职责管理

不相容岗位职责是指在界定职权范围的基础上，通过将不相容岗位相互分离，对经济事项的运作予以制约和监督。科研院所应当根据各类经济和业务活动的流程和特点，合理设置内部控制关键岗位，明确划分事项申请、内部审核审批、业务执行、信息记录以及内部监督等岗位的职责权限，对申请与审核审批、审核审批与业务执行、业务执行与信息记录、业务执行与内部监督等确需分离的不相容岗位实施相应的分离措施，形成相互制约、相互监督工作机制。

5. 财务管理体系

科研院所应当根据《中华人民共和国会计法》的规定建立会计机构，配备具有相应资格和能力的会计人员。科研院所一般采用财务集中管理，会计核算集中管理，要按照事权和财权匹配的原则，理顺财务管理体系，完善财务相关管理制度并依法依规开展会计工作，根据实际发生的经济业务事项，按照国家统一的会计制度及时进行账务处理、编制财务会计报告，确保财务信息真实、完整。

6. 内控信息系统建设

内控信息系统建设是科研院所开展内控工作的基础，运用现代科学技术手段将业务流程、关键控制点和处理规则嵌入内控系统程序将成为内控管理工作的趋势和必然。科研院所应根据内控工作要求，制定信息系统规划、建立信息系统制度、设立信息系统管理部门或岗位，将各项经济活动控制逐步通过信息系统实现。

综上，科研院所加强单位层面内部控制，应该根据职能任务和自身发展需要，确定科研院所发展目标，建立健全内部控制建设和实施组织体系，合理设置内部职能部门和内部控制关键岗位，建立经济和业务活动决策、执行和监督相互分离的制衡机制，建立健全议事决策制度，不断推动科研院所建立健全科学高效的内部控制制约和监督体系，保障事业持续健康发展。

（二）业务层面内部控制

《行政事业单位内部控制规范（试行）》明确规定了业务层面内部控制的六大方面，覆盖了单位大部分经济业务，作为科研院所，开展科学研究而发生的科研项目管理和科研经费管理是其主要经济业务，具有不同于一般事业单位的特殊性，因此，在对事业单位普遍开展的六大业务进行内部控制之外，应增加科研项目和科研经费内部控制的内容，即科研院所业务层面内部控制应包括如下八个方面。

1. 预算内部控制

预算是指科研院所根据事业发展目标和计划编制的年度财务收支计划，科研院所预算由预算收入和预算支出组成。预算管理是指科研院所管理部门采取科学计划、有效控制、实时监督等手段进行收入测算以及控制支出的专门性活动。[1]

科研院所预算内部控制要求科研院所在预算编制过程中内部各部门间充分进行沟通协调，预算编制与资产配置相结合、与具体工作相对应，实现"业财融合"，严格按照批复的额度和开支

---

[1] 闫宝琴. 科研事业单位内部控制建设与实施指南 [M]. 北京：中国经济出版社，2022：59 - 60.

范围执行预算，确保预算进度合理，杜绝无预算、超预算支出等问题，确保决算编报真实、完整、准确、及时。

2. 收支内部控制

科研院所的收入一般是开展科研及其他活动依法取得的非偿还性资金，支出是指科研院所开展科研及其他活动发生的资金耗费和损失。科学的收入和支出管理是科研院所内部治理特别是财务管理的重中之重，直接影响内部控制效果的发挥。

收支内部控制是指通过内部控制措施，确保科研院所各项收支纳入预算，对各类收支行为进行规定，确保收支行为合法合规。收入内部控制要求科研院所各项收入实现归口管理，按照规定及时向财会部门提供收入的有关凭据，按照规定保管和使用印章和票据等；支出内部控制要求发生支出事项时严格按照规定审核各类凭据的真实性、合法性，杜绝使用虚假票据套取资金等风险。

3. 采购内部控制

政府采购是指科研院所使用资金进行货物、工程和服务的采购事项中的控制行为，实际操作中，采购管理包括政府采购和单位内部采购两个部分，其中政府采购是指科研院所使用纳入预算管理的资金采购依法制定的集中采购目录以内的或者采购限额标准以上的货物、工程和服务的行为；内部采购是指除政府采购管理外的由科研院所自行组织的采购行为。

采购管理在管理业务流程中处于中间地位，向上是预算管理，向下是合同和资产管理，因此，采购管理在科研院所经济活动内部控制环节中具有十分重要的地位。审计署每年发布的审计公报以及各类审计报告中显示，采购管理方面产生的贪污腐败寻租等行为是最为高发的审计问题之一，单位采购管理内部控制的水平直接影响了单位内部控制管理的水平，做好采购管理内部控制将是最有效的防范舞弊和预防科研腐败的措施。

采购内部控制要求科研院所严格按照政府采购预算和计划组织政府采购业务，严格按照政府采购相关法律法规组织政府采购活动和执行验收程序，合法签订政府采购合同，妥善保管政府采购业务相关档案等。

4. 资产内部控制

资产是指科研院所占有、使用的能以货币计量的经济资源，包括货币资金、固定资产、无形资产、对外投资和其他资产。科研院所资产管理的目标是规范资产管理，提高资产使用效率，保障国有资产安全完整和保值增值。

科研院所的资产内部控制应该做到对各类资产实行归口管理并明确使用责任，定期对资产进行清查盘点，对账实不符的情况及时进行处理，严格按照国家相关规定妥善处置资产，避免国有资产流失。

5. 建设项目内部控制

建设项目一般是指科研院所自行或者委托其他单位进行的新建、改建、扩建和大型修缮工程项目。建设项目一般包括项目立项、招标、现场管理、工程变更、资金支付、竣工决算、档案管理等环节，建设项目因涉及资金量大，业务复杂而且专业性强，是内部控制各环节中风险相对较高的领域，也是腐败寻租等现象的高发区。

科研院所建设项目内部控制应该做到项目严格按照概算投资并严格履行审核审批程序，建立有效的招投标控制机制，合法合规使用项目资金，杜绝出现存在截留、挤占、挪用、套取等情形，及时对建设项目相关资料进行归档并转入固定资产管理。

6. 合同内部控制

合同是指科研院所签订的与经济和业务活动有关的合同、协议等。随着科研院所管理不断规范，收支业务多元化，合同的数量越来越多，涉及的业务范围也越来越广。为了规范合同管理，科研院所一般建立了合同管理制度，明确了合同归口管理部门、业务部门和财务部门及其相关岗位的职责权限，对合同拟订、审批、签署、印章使用、执行、监督检查、纠纷处置、登记保管环节的程序、权限和责任等内容进行了规范。

科研院所合同业务内部控制应该做到明确合同管理部门并实现合同归口管理，明确签订合同的经济活动范围和条件，对合同的履行情况进行动态监控，做到合同收入应收尽收，应付尽付，建立合同纠纷协调机制等。

7. 科研项目内部控制

科研项目是指使用一些方法并通过一系列活动，将人力、物料、资金等资源组织起来，在限定的预算和时间约束条件内，为达到某一特定的目标而完成的一次性科研工作任务。科研院所的科研项目一般可以分为三种：基础研究、应用研究、试验开发。科研项目管理的内部控制贯穿科研项目的全生命周期，是对科研项目从立项、实施到验收阶段的全过程控制，对科研项目进行管理是科研院所管理工作的重要内容。

科研院所对科研项目的内部控制，要按照规定进行充分的项目论证，科学合理地审核项目内容和预算，项目执行中做到全流程监管，项目验收中引入专家评审机制，对项目完成情况进行评价并加强评价结果的应用。

8. 科研经费内部控制

科研经费是指科研院所通过向政府、企业、民间组织、基金会申请或投标等方式获取的，纳入单位统一管理、核算的各种研究经费。科研院所科研经费占全部经费的比重一般较大，是科研院所经费管理的重点。

科研院所科研经费管理内部控制要求做到健全科研经费管理制度，落实管理责任，科学编制经费预算，切实提高科研经费特别是财政性科研经费的预算执行率，科研经费实行专款专用、专项管理和核算，严格按照批准的预算开支科研经费。

第三节　科研院所内部控制的现状与问题

《行政事业单位内部控制规范（试行）》自 2014 年实施以来，财政部逐步建立健全内部控制标准体系，大力推动行政事业单位等各类型组织实施内部控制规范，积极发挥内部控制在规范单位内部运行、有效防范舞弊、保证会计信息真实完整和风险防范能力等方面的重要作用。

2017 年 1 月，财政部印发《行政事业单位内部控制报告管理制度（试行）》，并连续五年组织开展行政事业单位内部控制报告编报工作，通过"以报促建"的方式，指导督促各级各类行政事业单位加强内部控制建设。财政部相关数据显示，截至2022年年底，全国56万多家行政事业单位编制并报送单位年度内部控制报告。在财政部的统一部署下，自2014年以来，行政事业单位内部控制建设逐步加强，各级各类行政事业单位的内控意识逐步提高，内控体系逐步完善，内部控制在防范行政事业单位内外部风险、保证会计信息真实完整等方面发挥了积极作用。

行政事业单位内控工作虽然总体取得长足进展，但从科研院所的角度看，其内部控制工作不论是单位层面还是业务层面，尚未完全达到《行政事业单位内部控制规范（试行）》提出的通过内部控制实现保证科研活动合法合规、资产安全和使用有限、财务信息真实完整，有效防范舞弊和预防科研腐败、提高科研经费使用效益的内部控制目标。笔者根据所在科研院所近年来内部控制工作的进展情况，结合选取的30余家不同领域、不同类型的科研院所内部控制建设情况进行统计分析，认为当前科研院所普遍在内部控制建设方面尚存在以下问题。

一、单位层面内部控制

单位层面的内部控制存在的问题与现状是指从单位总体层面影响和制约科研院所内部控制建设和实施的单位层面的主客观问题。调研发现，几乎所有的科研院所在单位层面均存在内部控制的风险，相关风险覆盖组织机构、决策机制、内控关键岗位设置、内控信息系统建设、制度建设等方面。

（一）内部控制制度体系不健全

科研院所普遍存在单位层面缺乏风险防范意识，缺乏系统有效的制度体系。大部分科研院所领导班子不够重视内部控制工作，缺乏较为全面的风险防范和管控意识，不能正确认识内部控制建设的重要性和迫切性，推行内部控制建设与实施不够积极，进而导致规章制度不够健全，缺乏有效制衡，无法有效管控风险，甚至产生违法违规行为，危及科研院所有序健康发展。

（二）发展目标和战略不明晰

科研院所的"三定"方案中一般明确了发展职能和定位，但在调研中发现，一些科研院所仍然不能根据自身职能定位，结合内外部条件制定发展目标和战略，有些发展战略过于激进或迟缓，脱离单位实际能力或偏离主业，有些发展战略缺乏有效落实措施，实施不到位。科研院所发展目标和战略因主观原因频繁调整、变更，可能导致科研院所缺乏发展动力，或盲目发展，过度扩张，或停滞不前，无所作为，影响科研院所长期稳定和持续健康发展。

（三）决策机制不科学

科研院所一般都建立了重大事项集体研究机制，但仍然存在不够健全的问题，比如应集体决策的事项未能集体决策，有的虽然召开集体决策会议，但未能听取专家特别是技术咨询专家的意见，领导和专家相结合的议事决策机制尚未完全建立，有些科研院所未明确单位重大事项认定标准，重大事项未履行单位领导班子集体研究决策程序，可能导致决策不科学、管理混乱、资源浪费，进而有可能产生廉政风险。

（四）组织架构不合理

有些科研院所内部机构设计不科学，对各部门的设置和职责权限缺乏科学论证和顶层设计，没有建立健全决策、执行和监督相互分离、议事决策、岗位责任等制衡机制，特别是财务、资产、审计、纪检监察等综合管理监督的关键部门和关键岗位设置不健全，权责分配不明确、不合理，可能导致机构重叠、职能交叉或缺失、推诿扯皮，管理效率低下，无法有序开展工作。

（五）内部控制队伍建设缺失

科研院所对内部控制人力资源建设不够重视，关键岗位配置不合理。调研发现，绝大多数科研院所没有制定内部控制人力资源规划和能力框架体系，队伍结构不合理，关键岗位人员配备不充足，专业知识、能力、素质与岗位需求不匹配，缺乏必要的岗位培训，可能导致无法履行职责任务，或者无法满足内部控制相互制衡要求，出现管理漏洞。

（六）信息技术手段落后

科研院所对大数据、人工智能、区块链等新一代信息技术环境下的内部控制应对不及时，信息技术手段落后，所运用的技术手段一般仅为报销系统和公文流转系统，对信息系统建设、管理和维护未实施归口管理，缺乏信息化规划和顶层设计，未将经济和业务活动及其内部控制流程嵌入信息管理系统，各类信息不能得到及时完整汇总、有效利用，普遍存在"信息孤岛"。信息技术手段落后可能导致科研院所运行效率低下，低水平重复建设，存在信息安全隐患。

二、业务层面内部控制

围绕科研院所开展科学研究而发生的业务层面内部的预算、收支、采购、资产、建设项目、合同、科研项目、科研经费八个方面的问题开展调研，得出以下结论。

（一）预算内部控制

科研院所预算业务内部控制应包括建立健全预算编制、审批、执行、决算与评价等预算内部管理制度，明确预算管理组织体系，预算管理机构或岗位的职责权限，明确预算编制与报批，预算执行与调整，决算编制、分析和运用等各预算绩效管理环节的工作流程、时间要求、审批权限和责任划分等内容。

科研院所预算内部控制存在的主要问题如下。

1. 预算编制不科学

科研院所应当根据单位中长期发展规划、战略和年度工作计划，结合以前年度预算执行、结转和结余、资产管理和政府采购等情况，将年度全部收入和支出纳入预算管理，编制预算要依法合规、统筹兼顾，量力而行、保障重点，勤俭节约、讲求绩效。

调研发现，一些科研院预算编制不够科学合理，无法在预算编制环节体现"业财融合"，部分存在编制预算不全面、不完整的情况。比如预算编制部门不能统筹各业务部门和行政处室共同参与编制预算，科研活动与财力保障相脱节，无法实现预算编制环节的深度融合，财务资源不能得到有效配置，影响年度科研工作目标的实现；预算编制部门不能充分预计单位上年收支结转结余情况，编制下年预算时不考虑增减因素、措施和财力等情况，导致预算编制不够准确合理；编制项目预算和项目支出规划时，科研院所不能组织科研人员开展项目可行性研究及论证，未能建立科研院所内部项目库，未能严格按照项目评审、绩效评价有关要求编制预算，项目预算未能与研究工作实际相结合；预算编制过程中，单位缺乏统筹协调，预算编制未能与新增资产配置预算和政府采购预算协调统一，存在预算编制与工作计划"两张皮"现象。

2. 预算调整随意

自中共中央办公厅、国务院办公厅印发《关于进一步完善中央财政科研项目资金管理等政策的若干意见》（中办发〔2016〕50 号，以下简称"50 号文"）以来，我国科研经费预算管理开启了不断下放预算调剂权，扩大科研人员自主权的通道，由此，科研院所项目经费在执行过程中具有较大的调整预算自主权。

在实际操作中，由于预算刚性的缺失以及科研人员对所负责的科研项目编制和调整预算的重要性认识不够，科研人员履行预算调整程序一般都在经济活动发生之后，即在履行科研经费报销手续时再调整预算，预算调整成为配合经费支出、编制项目决算的手段；管理部门对预算调整审核不严、把关不细，对落实"放管服"改革精神的过程中，国家赋予科研院所预算调整自主权的理解不够全面，对科研项目预算审批"重形式轻实质"，预算调整更多的是追求程序上的合规性，不同程度地存在预算调整"走过场"的情况，预算调整失去应有的意义。

3. 预算执行缓慢

2021 年国务院办公厅发布《国务院办公厅关于改革完善中央财政科研经费管理的若干意见》（国办发〔2021〕32 号），进一步要求改进财政结转结余资金的留用处理方式，此后，科研院所承担的几类主要科研项目包括国家自然科学基金、国家社会科学基金、基本科研业务费专项资金等项目主管部门分别修订资金管理制度，进一步下放了科研项目经费结余资金的管理权，即结余资金由科研院所按照管理要求统筹安排使用，不再收回。

实际执行中，科研院所为了鼓励科研人员开展长线研究，大多将结余资金的使用权继续下放给项目负责人，也不再敦促项目负责人加快预算执行进度，因此，科研人员不再有预算执行的紧迫感，有些项目预算执行进度严重落后于研究工作进度，导致科研院所财务账面出现大量结转资金。随着国家财政资金绩效评价工作的不断深入，预算执行进度已成为科研院所绩效评价的重要指标，科研经费预算执行较慢将直接影响科研院所的绩效评价结果，预算执行风险日益凸显。

4. 决算编制脱节

决算反映了科研院所预算收支和结余的年度执行结果，科研院所应当按照规定编制年度决算草案，保证决算数据的真实、准确，规范决算管理工作，应当加强决算审核和分析，对内部各部门预算执行情况、资金和实物资产使用情况、为履行职能所占用和耗费资源情况进行分析、考核，针对存在问题提出改进意见，强化决算分析结果运用，形成决算与预算有效衔接、相互反映、相互促进机制。

调研中发现，科研院所决算编制中不同程度地存在预算与决算编制脱节、决算不能真实反映单位预算收支和结余情况等问题。比如，部分科研院所不能按照规定编报决算，决算不真实、不完整、不准确、不及时，没有全面反映单位经济和业务活动情况，可能导致财务信息失真，造成决策失误；科研院所没有统筹做好决算编制工作，认为决算编制就是财务部门的事，未组织相关管理部门完成固定资产盘点、债权债务核实、对外投资核对、费用清算、收入催缴等工作，决算仅仅成为财务数据的填报，与决算工作的目标和意义相去甚远。

（二）收支内部控制

科研院所收支内部控制的内容是制定各类收入和支出的规章制度，实现收入归口管理事项，严格履行支出审批程序，按照国家和科研院所支出规定审批支出事项，对支出进行跟踪分析和绩效评价等。

科研院所收支内部控制存在的主要问题如下。

1. 收入未全部纳入预算

科研院所应编制全口径预算，将科研院所全部收入纳入预算，及时、完整、真实反映单位收入业务，并按照国家规定和年度预算组织收入和开展会计核算。

调研结果显示，科研院所的收入预算一般由财务部门组织协调各业务部门共同编制，业务部门对收入预算的认识不到位，未能充分预计各项科研项目收入，导致科研院所预算收入过于保守；根据政府会计准则关于财务报表编制和列报的规定，为确保决算报告和财务报告的一致性，科研院所下属事业单位取得的各项收入也应纳入预算，实际执行中，很多科研院所收入预算未能实现全覆盖。

2. 收入未能实现应收尽收

科研院所收入应实现归口管理，合理设置收入管理岗位，明确各项收入业务的工作流程、审批权限，以及财务部门和相关业务部门的责任划分和沟通协调机制等确保各项收入应收尽收、及时入账。科研院所应当定期检查收入是否及时到账，以及实际收入金额是否与合同约定相符，针对应收未收款项，应当督促业务部门及时催收。

公益二类科研院所以各级政府财政资金支持作为科学研究的基础性保障，对外创收的意愿和能力不强，对各项收入是否足额及时收入不够重视。日常管理中，收入合同一般由业务部门签订，财务部门没有掌握全部收入合同的渠道，加上业务部门的不重视以及与财务部门沟通不畅，业务部门不能了解查明应收未收项目的情况，不能及时按照合同催收，导致各项收入无法做到应收尽收，及时入账。

3. 支出违法违规

科研院所应当建立健全支出管理制度，明确支出归口管理部门和相关业务部门及管理岗位的职责权限，以及支出项目、范围、标准，支出事项申请、审核、审批、监督检查、绩效评价等各个环节的权限、程序和责任。财务部门应当对支出事项进行认真审核、审批，关注支出事项是否纳入预算，是否与预算相符，是否按规定履行各项审批手续，是否按规定执行政府采购程序，是否超出开支范围或开支标准等。

科研经费是科研院所日常核算中占比最高的经费，科研经费一般实行科研项目负责人"一支笔"制度，即由项目负责人对经费的使用负责。目前普遍存在科研项目负责人对待科研经费"重申请轻使用"的情况，对经费支出活动真实合法，票据合同等相关凭据真实完备的要求认识不足，容易出现违法违规的风险；"50号文"发布以来，科研项目经费支出中劳务费支出不设比例后，劳务费支出明显增多，可能存在劳务费相关工作量不实、编制虚假劳务费信息、超标准发放劳务费、不同单位的项目负责人互相发放劳务费等情况；财务、科研、审计等管理部门由于职责分工之间存在真空地带，在信息不对称的情况下无法实现对科研经费进行全面有效地监管。

4. 支出审核把关不严

科研院所应当加强对各类支出的审批控制，明确支出的内部审批权限、程序、责任和相关控制措施，审批人应当在授权范围内审批，不得越权审批，财务人员应当全面审核各类单据，确保支出内容真实、完整。

实际工作中，财务人员在审核支出特别是科研项目支出时，对其是否符合预算，审批手续是否齐全，支出是否合情合理，与项目研究内容是否一致等问题审核不够细致严谨；个别支出凭证存在未附反映支出明细内容的原始单据或反映内容不实情况，各项支出也存在未按国家相关标准支出或超出国家规定标准的支出事项未经相关负责人审批的情况等。

（三）采购管理内部控制

科研院所采购内部控制的内容包括建立健全采购预算与计划管理、采购活动管理、验收管理等采购内部管理制度，明确相关岗位的职责权限，加强对采购业务预算与计划的管理。对采购活动实施归口管理，在采购活动中建立政府采购、资产管理、财会、内部审计、纪检监察等部门或岗位相互协调、相互制约的机制。

当前科研院所采购内部控制存在的主要问题如下。

1. 未明确采购归口部门

调研中发现，科研院所在机构设置上，大多围绕科研主业进行机构设置，均设置有办公室和科研处，但对采购业务一般不够重视，缺少顶层设计，很少设置专门的采购归口部门，大部分由科研院所的资产部门、财务部门、总务部门或办公室等部门兼职负责，采购工作未实现专门的部门和专门的人员负责，导致采购工作不够专业，采购工作人员没有足够的时间和精力专门用于采购管理工作。

2. 采购管理工作不规范

采购工作是科研院所购置各类科研仪器设备，保障机构顺利运转的基础。一些科研院所采购管理工作仍然存在不规范的情况，比如未全面掌握国家采购相关的法律法规并严格执行，对招投标工作不够重视甚至故意规避，未制定单位内部的采购管理办法，未规范采购审批流程和权限，未设计使用采购审批单据，采购管理中未做好相关采购档案的登记和保管等工作，采购管理不够规范。

3. 内部制衡缺失

"50 号文"发布的目的是放开科研资金使用的不必要限制，扩大科研单位采购的自主权。大多数科研院所根据中央精神制定了科研仪器设备采购管理办法，在一定程度上充分放权给科研人员，授权其自行成立采购小组、确定供应商等。但在实际操作中，科研人员对政府采购的重要性和必要性认识不足，成立采购小组、比价遴选、确定供货商等行为不够严谨，存在"走形式"的情况，采购小组中采购管理部门的缺失导致无法实现采购权力制衡。

4. 资金效益低下

为了提高工作效率，充分向科研人员放权，一些科研院所的采购部门仅负责使用行政经费的采购事项，对于项目组使用科研经费开展的采购事项，由项目负责人自行采购，采购部门并未全程介入。项目组的采购行为由于没有采购管理部门的介入和专业人员的指导，项目负责人可以自行确定采购供应商，自行组织验收并决定付款进度，缺少必要的论证程序。使用科研经费采购的货物或服务往往存在性价比低、重复购买、资源浪费、质量较差、后续维修服务缺失等问题，间接导致采购资金使用效益低下。

(四) 资产内部控制

科研院所资产内部控制的内容包括对资产实行分类管理，建立健全资产内部管理制度，合理设置资产管理岗位，明确相关岗位的职责权限，确保资产安全和有效使用。具体对各类资产进行管理时，应当建立健全货币资金管理岗位责任制，应当加强对银行账户的管理和对货币资金的核查控制，同时加强对实物资产和无形资产的管理。为实现高效管理国有资产，科研院所应建立资产信息管理系统，实现对资产的动态管理。

科研院所资产内部控制存在的主要问题如下。

1. 国有资产管理部门职责不清

国有资产范围广、类别多的特点导致其日常管理存在难度，规模较大的科研院所一般实行分口管理，规模较小的由办公室统一管理。日常管理中，货币资金一般由财务部门负责管理，固定资产由总务或资产部门负责管理，但仍然存在国有资产管理的真空地带，如管理频率较低的无形资产中的著作权、专利技术、对外投资管理等没有明确归口部门，资产管理在一定程度上存在认识不足、职责不清、资产无法实现分类管理、对国家关于资产管理的要求落实不到位等问题。

2. 国有资产流失

使用科研经费形成的资产属于国有资产，应纳入科研院所国有资产，并由资产管理部门统一管理。科研人员对此意识淡薄，认为使用科研经费所购买的资产应由项目负责人使用、保管、处置，与科研院所无关；由于意识淡薄导致疏于对资产的保管，丢失、损毁等情况时有发生，造成国有资产流失；有些资产损毁后，并未在第一时间向资产管理部门报告，而是等待达到资产报废年限时再行报告，导致资产账实不符。

3. 日常管理缺位

科研院所相关工作人员不能及时持资产到资产管理部门进行登记，资产管理部门对使用科研经费形成的资产数量、状态、使用年限、预计残值等信息不能全面掌握，形成资产管理部门工作障碍；政府会计制度改革要求对固定资产计提折旧、对无形资产进行摊销，并对资产进行科研项目辅助核算，财务核算系统所需数据通过资产管理系统手工对接，错误率高，管理效率低下；资产管理部门疏于对资产进行管理，日常登记资产的品牌、型号、价格等信息时不够严谨，每年组织盘点时，没有认真核对品牌型号等信息，资产盘点账面情况与实际情况相去甚远。

（五）建设项目内部控制

科研院所建设项目内部控制包括严格按照概算投资进行项目建设，建设项目应严格履行审核审批程序，建立有效的招投标控制机制，坚决杜绝截留、挤占、挪用、套取建设项目资金，按照规定保存建设项目相关档案并及时办理移交手续等。

科研院所建设项目内部控制存在的主要问题如下。

1. 立项缺乏可行性研究

科研院所受体量和部门职数的限制，一般未设有专门的工程管理部门，也不会配备具有工程类资质的专业技术人员，建设项目的立项一般由普通的管理人员组织负责。专业知识的欠缺可能会导致立项缺乏可行性研究或者可行性研究流于形式，没有结合事业发展需要进行充分论证，也没有委托具有相应资质的专业机构开展可行性研究，项目设计方案不合理，概算预算脱离实际，技术方案未能有效落实，可能导致建设项目质量存在隐患、投资失控等风险。

2. 招投标过程中存在违规操作

《中华人民共和国招投标法》明确了招投标活动的适用范围、工作原则以及监督机制，但在实际操作中，由于招投标工作的寻租可能性大，利益较高，导致一些工作人员利用科研院所内部控制制度的漏洞，在项目招投标过程中与潜在中标人串通，进行暗箱操作或商业贿赂，导致中标价格明显高于市场价格，进而提高了科研院所建设项目的成本或降低了建设项目质量。

3. 建设项目转列固定资产不及时

建设项目的竣工结算和转列固定资产是建设项目的最后一个重要环节。科研院所普遍存在的现象是，建设项目的竣工结算进度远远滞后于工程完工，竣工验收时间过长并且存在程序不规范，把关不严，项目决算内容不准确，转作资产时存在漏项或多记，导致竣工决算失真；建设项目结算后，未及时办理产权登记及档案移交，资产未及时结转入账，可能导致存在账外资产、国有资产流失等风险。

（六）合同内部控制

科研院所合同内部控制要求合同实现归口管理，明确应签订合同的经济活动范围和条件，科研院所应有效监控合同履行情况，建立合同纠纷协调机制等。调研中发现，虽然科研院所总体呈现越来越重视合同管理的态势，但合同管理中存在的问题仍然比较突出，基本覆盖了从合同订立、履行、归档、纠纷处理等各个环节。

科研院所合同内部控制存在的主要问题如下。

1. 合同主体模糊

科研院所科研项目在合同签订的主体、内容、程序等方面存在风险。使用各类科研经费签订的科研合同，合同主体均为科研院所，法人承担法人责任。科研人员对合同签订主体的认识与法律规定存在偏差，长期使用个人、所在二级研究所或科研管理部门代章签订合同，不符合合同管理的要求。对于科研院所大量签订的著作类合同，没有制定关于出资方（甲方）、著作权人、知识产权所有人等合同主体权利义务的相关管理制度，一旦发生法律纠纷，科研院所将无所适从。

2. 合同监管不足

合同归口部门缺少对合同内容的有效审核，如是否及时续签合同、是否属于事后补签合同、合同基本要素是否齐全、合同金额是否合理、合作单位是否过于集中等，合同监管不足导致合同管理中存在法律纠纷、国有资产流失、少数人以权谋私等风险。由于对合同缺乏监管，在合同执行过程中，科研院所无法严格履行合同条款，特别是关于合同收款和付款的条件、时间、分期付款的金额等没有实时动态监管，相关审计结果也显示，科研院所普遍存在应收未收、应付未付、未达到付款条件即付款等合同监管和执行风险。

3. 合同管理信息化水平低

科研院所合同归口部门一般设在办公室，办公室主要承担单位统筹协调、公文流转等工作，对合同管理的工作思路与文书管理思路类似，即对通过审批流程的合同进行盖章归档，缺乏对合同的全过程管理，而对合同全过程管理很难通过人工实现，通过信息化的手段成为必然。受工作习惯、管理思路等影响，科研院所合同管理的信息化水平普遍偏低，一般仅仅是通过 Excel 登记合同台账，未通过合同管理信息系统进行全过程管理，进而导致科研院所合同管理总体水平不高。

（七）科研项目内部控制

科研项目管理的内部控制贯穿科研项目的全生命周期，是对科研项目从立项、实施到验收阶段的全过程控制。科研项目管理是科研院所最主要的管理内容，科研项目管理包括科研院所应当建立健全科研管理制度并明确职责，科研项目立项须经过充分论证，项目预算科学合理，对科研合同进行严格的审核把关，对科研项目形成的无形资产特别是著作权等进行管理等。

调研发现，科研院所普遍设有专门的科研管理部门，较为重视科研项目内部控制工作，科研项目内部控制存在的主要问题如下。

1. 科研项目立项评审不够全面

为了对科研项目立项进行遴选审批，科研管理部门要求项目申请人对项目立项的必要性、立项依据、价值与意义等进行阐述，合理预测科研项目成本，制定项目经费预算，形成项目申报书。科研管理部门一般会邀请专家对项目是否立项进行论证，但专家受知识背景、工作经验、研究领域等影响，可能仅对熟悉的领域相关内容进行审核，如预算编制、成本核算、绩效指标的设立等无法做出科学判断，项目立项评审一定程度上存在不够科学和全面的问题。

2. 科研项目过程管理流于形式

随着国家科研领域"放管服"改革的不断深入，科研管理部门倾向于以结果为导向的科研项目管理方式，即只注重对科研项目取得的研究结果的认定，减少对项目过程性管理。但"放"不是"放任不管"，有些科研院所对所立项的项目的全过程管理呈现"走形式"的趋势，即项目负责人自行组织项目开题和中期推进并提交相关报告，这种方式有可能导致项目负责人没有按照既定研究方案和计划组织项目研究，项目研究进度明显滞后，最终影响科研项目的成果质量。

3. 项目信息失真

科研项目负责人根据项目申报书或科研合同分别向科研管理

部门和财务部门提出立项申请，由于所有立项数据基本依靠手工传递且项目申报书或科研合同所列支出范围与财务核算的政府收支分类不能完全对应，项目决算信息由项目负责人自行填写，可能存在项目负责人随意填写或未按照规定的口径填写决算信息并向管理部门提交的情况，存在各管理部门掌握的信息与项目申报书或科研合同所列示的项目信息出现不一致的风险。

（八）科研经费内部控制

科研经费内部控制包括科研院所建立健全科研经费管理制度，科学合理编制科研项目经费预算，确保经费支出真实并按照相关标准、范围和用途列支，不断提高预算执行率，提高资金使用效益。

党的十八大以后，随着全面从严治党的不断深入以及科研领域"放管服"改革的推进，科研经费管理总体呈现更加规范的态势。但不可否认的是，通过审计署每年发布的审计公报以及各类监察、巡视、监察等公开资料可以发现，科研院所科研经费内部控制仍然存在以下问题。

1. 科研项目预算不科学合理

科研人员在申报项目时，往往存在"重项目文本，轻预算编制，重要钱，轻花钱"的错误观念，编制预算时，立项论证不充分，项目预算不科学、不合理、不严肃，未对照各项支出标准进行详细测算，预算数据大多为"拍脑袋"形成，预算申报随意性强，为后续无法执行预算资金，合理合法合规使用项目资金留下隐患。

2. 科研经费使用存在违规风险

部分科研院所的科研人员不能正确认识科研经费使用的相关规定，认为自己申请的科研经费应该由自己说了算，罔顾国家财经纪律，科研经费支出一定程度上表现为科研人员"找票报销"，个别科研人员通过虚构经济业务、签订虚假合同、编造劳务费收款人、与关联方合作等方式违规报销经费、套取资金、虚报支出，甚至出现私设小金库等违规行为。

3. 未能对科研经费形成的无形资产进行有效管理

一直以来，科研院所对无形资产管理的意识薄弱，缺乏科研技术成果及其档案的保护措施，存在知识产权被侵占、科研院所的合法权益被侵害等风险；很多科研院所通过使用科研经费产生大量著作权、专利权、非专利技术等无形资产，但未进行有效管理，有些科研院所未将使用科研经费形成的无形资产纳入资产进行管理，有些因未制定相关的无形资产管理办法，将大量著作权、专利权等无形资产以"1元钱"名义价值入账，为后续以专利权作价进行科技成果转化留下隐患。

第四节　科研院所内控建设的探索与实践

财政部印发《行政事业单位内部控制规范（试行）》至今已过去十余年，其间，事业单位特别是科研院所按照财政部的统一部署，贯彻落实内部控制规范要求，严格执行行政事业单位内部控制报告编报制度，通过"以报促建"的方式，切实推进单位内部控制建设工作。通过内部控制建设工作的不断深入，各级各类科研院所的内控意识逐步提高，内控体系逐步完善，内部控制在规范科研院所内部运行、防范内外部风险、保证会计信息真实完整、提升内部治理水平等方面发挥了积极作用。

党的二十大报告强调，坚持全面依法治国，推进法治中国建设。随着全面依法治国深入推进和经济社会蓬勃发展，科研院所要实现治理体系和治理能力现代化，对内部控制建设与实施工作有着新的更高要求。科研院所应该在总结成绩、反思问题、分析形势的基础上，完善内部控制制度，加强内部控制规范实施，强化内部控制责任，持续不断推动科研院所内部控制建设。

一、单位层面内部控制

单位层面内部控制一般指内部控制环境，科研院所内部控制环境直接影响和制约了单位内部控制建设和实施的效果。科研院所提高内部控制水平，必须首先加强内部控制环境的建设。

（一）加强内部控制组织建设

1. 明确发展目标和战略

科研院所应当根据国家和上级主管部门赋予的职能任务和自身发展需要，在充分调查研究、科学分析预测和广泛征求意见的基础上制定或修订科研院所章程，明确事业发展目标和中长期战略规划。根据既定发展目标和战略，结合经费保障、人力资源等实际情况，对发展目标进行分解并确定每个发展阶段的具体目标、工作任务和实施路径，确保发展目标和战略的持续和稳定。

2. 合理设计组织框架

科研院所应当合理设置内部职能部门，明确各部门职责权限，避免职能交叉、缺失或权责过于集中，形成部门间各司其职、各负其责、相互制约、相互协调工作机制。建立健全内部控制建设和实施组织体系，明确单位领导班子、主要负责人、内部控制工作小组、内部控制管理（或牵头）部门，以及内设各部门和下属单位在内部控制建设、执行、评价、监督工作中的职责任务。

3. 梳理业务流程和风险点

科研院所应针对每一类业务进行全面梳理，制定组织结构图、业务流程图、风险防控图、岗位职责等内部管理制度或相关文件，编制内部控制手册，明确每一类业务的风险点和解决措施。通过业务流程梳理，确保科研院所职工充分了解和掌握权责分配情况和管理运行流程，正确履行各自的职责权限。

（二）完善"三重一大"制度

科研院所应当根据决策、执行和监督相互分离的要求，结合科研院所内设机构和人员编制、经济和业务活动性质和特点，建立经济和业务活动决策、执行和监督相互分离的制衡机制，确保决策审批与执行，执行与监督检查，决策与监督检查相互分离。

决策制度是内部控制中最重要的环节，科研院所应当建立健全议事决策制度，明确议事成员构成，决策事项范围，投票表决规则，决策纪要内容格式、流转程序和保存办法，决策事项的贯彻落实和监督评价的责任部门。

科研院所还应当建立健全风险评估、专家论证、技术咨询、审核审批及集体决策相结合的议事决策机制，重大经济和业务事项的内部决策，应当由领导班子集体研究决定。

1. 重大经济和业务事项的内容

"三重一大"事项一般包括：重要规章制度、发展目标和中长期规划、重要人事任免、年度财务预算、大额资金分配和使用、重要或大宗的物资设备采购、重大项目或核心业务外包、对外投资（融资）与合作、重要或大批资产处置、重大维修或基本建设项目等，科研院所应当结合本单位的情况，对"三重一大"事项的具体内容予以明确并通过制定制度进行规范。

2. 坚持民主集中原则

科研院所任何个人不得单独进行决策或者擅自改变集体决策意见。对业务复杂、专业性强的经济和业务活动，应当听取专家意见，必要时应当组织开展专门的论证和技术咨询。科研院所对单位重要规章制度建设，事业发展目标和规划制定，涉及单位和员工权益等事项，应当履行听取群众意见和建议程序。

3. 执行追踪问题机制

科研院所应当建立决策执行追踪问效机制，对重大经济和业务事项的内部决策，应当形成书面决策纪要，准确反映每一位议事成员的意见。决策执行中，科研院所应当依据决策纪要，对决策落实、执行及其效率进行跟踪，形成追踪台账。科研院所应当对决策效果进行评估，并重视评估结果的应用，对出现重大决策失误、未履行决策程序、不按照决策执行和开展跟踪监督的人员，应当追究其责任。

（三）管理内控关键岗位

人力资源建设是内部控制建设的根本内容，科研院所应根据发展目标和战略，制定人力资源总体规划和能力框架体系，完善管理制度，规范人力资源引进、开发、使用、培养、考核、激励、退出管理，科学合理配置人力资源，优化队伍结构，提升核心竞争力。

1. 合理设置关键岗位

科研院所应当对经济和业务活动相关部门的职能进行科学分解，合理设置内部控制关键岗位，并建立包括岗位识别、责权分配、任职管理、岗位分离、轮岗管理、绩效奖惩等内容的关键岗位管理制度。

2. 加强关键岗位人员日常管理

科研院所应当加强内部控制关键岗位工作人员管理，把好入口关，将关键岗位人员的职业道德修养和专业胜任能力作为选拔任用的重要标准，确保选拔任用的人员具备与其工作岗位相适应的职业道德修养、专业知识和技能。

3. 注重培养关键岗位人员

科研院所应当加强关键岗位人才队伍建设，合理储备后备力量，积极推行关键岗位人员轮岗制度，对不具备轮岗条件的，应当采取专项审计、检查等相应替代措施。应当加强对关键岗位工作人员培训和职业道德教育，要按照财政部门统一部署，统筹安排参加相关继续教育和相关专业提升培训，不断提升专业技能、政策水平。

（四）内控信息化建设

内控信息化建设工作是科研院所开展内部控制工作的有力抓手，科研院所应当制定信息化建设规划，确保信息化建设规划与单位中长期规划、业务需求紧密衔接，有序组织信息系统开发、运行与维护，建立信息、数据标准，增强信息、数据共享和业务协同力度。

1. 加强顶层设计

内控信息化建设是"一把手"工程，信息化建设有可能对科研院所既有的管理理念、管理流程、审批手段等均造成冲击。科研院所推进内控信息化建设，必须加强顶层设计，全面统筹考虑建设目标和步骤，指定信息化建设归口管理部门，明确归口管理部门和其他部门的职责权限，建立有效沟通和协调机制。

2. 全面嵌入内控理念

科研院所应当重视信息系统在内部控制中的作用，将业务流程、关键控制点和处理规则嵌入系统程序，实现手工环境下难以实现的控制功能，优化管理流程，提高工作效率，有效防范风险，提升现代化管理水平。

3. 确保信息安全

科研院所应当建立信息系统安全保密和泄密责任追究制度，

加强对重要业务系统的权限管理，日常管理和重点检查相结合，确保信息系统安全有序运行。

二、业务层面内部控制

针对科研经费在各业务环节存在的风险，科研院所应当建立并优化内部控制管理信息系统，覆盖科研院所业务层面各项业务，加强业务层面的内部控制管理，实现人事、财务、科研、采购、资产等管理部门之间的良性互动和信息数据的共享共用。

（一）预算内部控制

1. 预算编制

科研院所应当将全部收入和支出纳入预算管理，并遵循依法合规、统筹兼顾，量力而行、保障重点，勤俭节约、讲求绩效原则编制单位预算。

预算编制过程中，科研院所应当建立和完善预算编制流程，结合以前年度预算执行、资金结转和结余、存量资产、政府采购预算、年度收支变化、年度重点工作等实际情况，科学合理地开展预算编制工作。预算编制一般采取分级编制和逐级汇总的方式，确保预算编制依据合理、程序规范、方法科学、内容完整、数据准确，避免预算指标过高或过低。

在收到正式下达的"二下"预算批复后，科研院所应当根据预算批复将预算指标按部门或项目进行分解并落实到业务活动的各个环节及相关岗位，及时完成预算分解下达工作。预算编制中，要按照"有保有压"的原则，对科研院所基本人员经费和重点支出优先保障，严格落实"过紧日子"要求，加强预算统筹协调。

2. 预算调整

科研院所应当建立预算执行监控、反馈机制和预算执行情况分析制度，建立管理部门与业务部门沟通协调机制，及时发现和纠正预算执行偏差，确保工作计划、年度预算顺利执行。

科研院所应合理设计预算调整流程，单位本级预算和二级预算应按照原预算申报程序申请调整。对于科研项目的预算调整，应根据科研领域"放管服"改革精神，将预算调整权下放给项目负责人并优化项目预算调整流程，可由项目负责人通过预算管理内控系统发起调整预算申请，管理部门根据预算调整审核权限和流程进行审批后，预算调整结果方能生效。科研院所可通过内控系统对预算调整时间、内容等信息进行记录，当某科研项目超过预设的预算调整警戒线或调整内容过度集中等时，自动向管理部门推送风险提示，管理部门可重点关注并可采取冻结该项目预算调整等措施，确保预算调整的严肃性和合理性。

3. 预算执行

科研院所应当根据批复的预算安排各项收支，按照规定额度和标准执行预算，不超标准开支，不虚假列支，不擅自改变预算资金用途。

科研院所应当实时跟踪各类资金预算执行情况，采取有效措施，提高预算执行率特别是财政资金的预算执行率，发挥资金的使用效益。根据项目的执行周期对经费预算执行情况进行跟踪监控，根据支出累计金额与预算总额进行比对，自动生成预算执行情况表，当项目经费长期不列支或支出预算进度明显低于序时进度时，将该项目的预算执行情况向管理部门反馈，管理部门据此采取相应措施敦促项目负责人加快预算执行。

4. 决算管理

决算是科研院所根据年度预算执行结果而编制的年度会计报告，它是预算执行的总结。科研院所应当加强决算管理，明确决算报表编制和相关业务资料提供责任主体以及时间要求，确保决算合规、真实、完整、准确、及时。

在编制决算前，应当完成固定资产盘点、债权债务核实、对外投资核对、费用清算、收入催缴等工作，并加强决算审核，确保决算真实、完整反映单位年度财务状况。

科研院所应当加强决算分析工作，对内部各部门、项目的预算执行情况、资金和实物资产使用情况、为履行职能所占用和耗费资源情况进行成本核算，针对存在问题提出改进意见，强化决算分析结果运用，形成决算与预算有效衔接、相互反映、相互促进机制并按照国家的有关规定向社会公开相关信息。

5. 预算绩效管理

科研院所应当加强预算绩效管理，强化支出责任和效率意识，加强绩效评价结果应用，将评价结果作为科学安排预算、年度考评和单位决策的重要依据。

科研院所在预算管理中应当自觉融入绩效理念和要求，将绩效目标管理、绩效跟踪监控管理、绩效评价及结果应用管理纳入预算编制、执行、监督的全过程，以提高资金使用效益的一系列管理活动。科研院所预算绩效管理要覆盖所有财政资金和非财政资金，贯穿预算编制、执行、监督全过程，逐步建立"预算编制有目标、预算执行有监控、预算完成有评价、评价结果有反馈、反馈结果有应用"的全过程预算绩效管理机制，实现预算绩效管理与预算编制、执行、监督有机结合。

（二）收支内部控制

1. 收入管理

收入管理是科研院所内部控制业务层面管理的重点，科研院所应当明确财务部门作为单位收入的归口管理部门，负责单位收入统筹管理、核算工作，严禁任何部门和个人设立账外账、小金库。

科研院所应当明确各项收入业务的来源依据、工作流程、审批权限，以及财务部门和相关业务部门的责任划分和沟通协调机制等。对于新增收费项目或变更收费标准，业务部门应当与财务部门沟通协调，合理评估收费标准，按规定审批后执行。

科研院所应当合理设置收入管理岗位，明确相关岗位的职责权限，确保款项收取、票据管理、会计核算等不相容岗位相互分离、相互制约和相互监督。应当及时将与收入有关的合同交给财务部门作为账务处理依据，确保各项收入应收尽收、及时入账。财务部门会同业务部门应当定期检查收入是否及时到账，以及实际收入金额是否与合同约定相符，对应收未收款应当督促业务部门催收。

科研院所财务部门应当按照国家规定和年度预算组织收入，

开展会计核算，及时、完整、真实反映单位收入业务，并定期将收入情况反馈给相关领导和业务部门。应当建立健全收入票据管理制度，明确票据购买、保管登记、使用和检查等岗位责任，以及财政票据、发票等各类票据申领、启用、核销、销毁的办理程序和手续。应当设专人对票据进行管理，建立台账，做好票据保管和登记工作，票据应当保存在保险柜，并做到人走柜锁。应当加强票据使用管理，按号码顺序使用，废旧票据应当妥善保管、处置，应当加强收入印章管理，明确印章管理岗位责任，做好印章使用申请、审批、登记工作，确保印章正确、安全使用。

针对科研院所的科研项目收入管理，科研院所应当以科研项目立项批准书或委托合同作为设立科研项目并开具相关票据的依据。科研项目负责人可通过收入管理内控信息系统录入经费委托单位和经费金额等信息，当财务部门收到款项时会自动推送至收入管理内控信息系统与项目负责人所录信息进行自动或手动匹配，匹配成功的收款信息会生成财务收入凭证和项目的预算总额指标，项目负责人据此进入预算管理内控系统进一步完善明细预算指标编制等。

2. 支出管理

科研院所应当对支出事项特别是科研项目支出进行认真审核、审批，关注支出事项是否纳入预算，是否与预算相符，是否按规定履行各项审批手续，是否按规定执行政府采购程序，是否超出开支范围或开支标准等。

（1）支出申请。业务部门开展业务活动应当根据年度工作计划和预算提出支出事前申请，未纳入年度预算的支出事项应当按规定履行报批手续后办理。业务部门在办理经济和业务活动时，应确保该业务活动合法、真实，确保票据、合同等相关凭据来源合法、内容真实、手续完备。科研院所一般通过支出管理内控系统实现科研经费报销，可通过系统内置日常报销、差旅报销、借款申报、劳务费发放等多种支出业务类型，向导式设计引导项目负责人填写支出信息，并集成支出申请、报销单跟踪管理、支出预算控制、借款锁定、银企直联付款、自动生成凭证、账表查询等功能。项目负责人通过内控系统在线填写支出申请，系统对项目指标总额和分项额度实时进行控制。

（2）支出审批。科研院所支出事项审核审批人应当关注业务事项是否符合国家和单位法规制度规定，是否列入工作计划和预算，是否公平合理结算，并在授权范围内审核、审批，不得越权。资金支付审核人应当全面审核与支出业务事项相关的各类内部、外部单据，重点审核单据内容是否合法、真实、完整、准确，审批手续是否齐全、有效，是否符合预算。科研院所还应加强支付控制，明确报销业务流程，严格执行预算管理、国库集中支付、政府采购和公务卡结算等有关制度规定。业务部门应当向财务部门提交与支出业务相关的合同或内部文件等材料，财务部门应当以业务部门提交的相关资料为依据，准确地开展账务处理、会计核算，并及时归档、妥善保管，严防毁损、散失、泄密或不当使用。

（3）支出分析。科研院所应当定期开展支出分析和绩效评价工作，对各业务部门的支出情况和预算执行进度，以及基本支出、项目支出、"三公"经费支出等进行深入分析、评价，形成多层次、多角度的综合、专项支出分析报告，为科研院所负责人的管理和决策提供信息支持。科研院所一般可通过支出管理内控系统支持项目负责人跨年度查询本人名下项目经费收支明细表、明细账、汇总表等信息，通过"账表证"穿透式联查，由支出汇总表和余额表联查到明细账，再通过明细账联查到凭证，也方便项目负责人自行进行项目支出决算及各种数据信息统计。

（三）采购内部控制

1. 采购预算管理

科研院所应当加强政府采购业务计划与预算管理，根据实际需求和相关标准编制政府采购预算，按照批复的预算实施政府采购计划。业务部门根据实际需求提出政府采购预算申请数，政府采购归口管理部门审核政府采购预算，财务部门在政府采购部门审核的基础上，从预算指标额度控制的角度进行汇总平衡。

科研院所应当建立业务部门、政府采购、资产管理部门和财务部门沟通协调机制，根据工作计划和资产存量情况统筹安排财务资源，提高效益，避免重复购置、未及时购置。科研院所政府采购计划一经下达，原则上不作调整，计划执行过程中确需变更调整的，应当重新履行审核和审批程序。

2. 采购过程管理

科研院所应当建立政府采购相互协调和相互制约机制。政府采购部门应当加强与资产管理部门和财务部门的信息沟通，确保政府采购申请适应资产存量情况、符合预算指标额度。内部审计和纪检监察部门应当加强政府采购活动监督检查工作。科研院所应当加强政府采购活动的审核与审批，确保实际采购活动与预算和采购计划相符。

科研院所应当依据国家规定，在指定的政府采购信息发布媒体上向社会公开采购项目名称、性质、数量、金额和技术需求，供应商资格要求，采购代理机构名称和投标时间、地点和方式等信息，提高政府采购活动透明度，促进公平竞争。科研院所应当加强采购需求编制和政府采购项目验收管理，建立采购结果评价制度，推动政府采购结果导向。

3. 采购资料管理

科研院所应当加强政府采购业务记录和相关资料管理，全面反映政府采购业务情况。政府采购业务相关资料主要包括政府采购预算与计划、批复文件、招标投标文件、合同文本、验收证明等。

科研院所应当做好政府采购业务相关资料的收集、整理工作，建立政府采购业务档案并按照国家规定的保管期限妥善保管，防止资料遗失、泄露，需要提交给财务部门或按照规定应当向外部有关部门备案的，应当及时提交，确保采购业务的档案资料完整。

科研院所政府采购部门应当定期与资产管理部门和财会部门定期核对政府采购信息，并在科研院所内部通报政府采购业务开展和预算执行情况。

（四）资产内部控制

科研院所资产一般包括货币资金、固定资产、无形资产、对外投资和其他资产。科研院所应当加强对资产的内部控制，针对各类资产的特点进行分类管理，规避各类资产管理中有可能存在的风险，不断提高各类资产使用效率，保障国有资产安全完整和保值增值。

1. 货币资金

货币资金管理是科研院所资产内部控制工作的重中之重，科研院所应当明确财会部门和相关岗位的职责权限，确保不相容岗位相互分离。货币资金管理不相容岗位至少应当包括支付的申请、审批和执行，保管、记录与盘点清查，会计记录、核算与监督检查。

科研院所应当加强出纳人员管理，明确出纳人员不得兼任稽核、会计档案保管和收入、支出、费用、债权、债务账目的登记工作。出纳岗位不得由临时人员担任。科研院所应当根据国家有关规定，加强对现金开支范围、库存限额、支付限额的控制，应当按规定使用公务卡、汇款等方式结算，尽量减少现金、支票的使用量，不得坐收坐支。科研院所应当建立现金清查制度，指定不办理货币资金业务的会计人员定期、不定期抽查盘点，关注账款是否一致，有无白条、账外资金、私借挪用公款等情况，发现问题及时处理。出纳人员应当每天清点库存现金，认真登记库存现金日记账，做到账实相符、账账相符。

科研院所应当严格按照国家规定开立和使用银行账户，及时注销长期不用账户，财务部门应当在会计记录中反映销户信息，并保管好开立、销户等情况记录。科研院所应当指定专人定期核对银行账户，每月至少编制一次银行存款余额调节表，并指派对账人员以外的其他人员进行审核，确定银行存款账面余额与银行对账单余额是否相符。对调节不符、可能存在重大问题的未达账项应当及时查明原因，并按照相关规定处理。

科研院所财务专用章应当指定专人保管，个人名章应当由其本人或其授权人员保管，不得由一人保管支付款项所需的全部印章。印章管理人员应当有保险柜等保管设备。科研院所应当加强支票等票据管理，完整记录票据领购、保管、使用、注销等信息，防止空白票据遗失和被盗用；严禁跳号开具票据，严禁开具印章齐全的空白支票，严禁背书转让。

随着电子支付业务的普及推广使用，科研院所应当注意防范网上银行等电子支付业务风险。实行网上银行、财务 POS 机等方式办理资金支付业务的，应当与承办银行签订操作协议，明确双方在资金安全方面的责任与义务、交易范围等。实行网上银行等电子支付方式的单位，不得因支付方式的改变而随意简化、变更支付货币资金所需的授权审批程序；操作人员应当加强业务学习，严格按照授权进行规范操作，并妥善保管操作密码和身份确认证件，适时更换密码。

2. 固定资产

科研院所应当对固定资产实施归口管理，做好对固定资产购置、领用、保管、维修、登记、清查盘点和处置等关键环节的管控，不得由同一部门、同一个人办理固定资产业务全过程。

科研院所应当加强固定资产预算管理，严格按照规定标准配置相应办公设备和用房用车，按照规定编制预算，并按批复的预算组织实施。科研院所应当加强固定资产采购验收管理，明确资产归口管理部门、使用部门及相关部门验收工作中的职责分工，确保固定资产采购数量、质量符合要求。科研院所应当建立固定资产台账，利用资产内控系统详细登记固定资产信息，做好固定资产统计分析工作。科研院所应当建立固定资产盘点制度，每年至少进行一次全面盘点，发现问题及时查明原因、分清责任，并妥善处理。资产归口管理部门应当与财务部门、资产使用部门定期对账，做到账实相符、账账相符。

科研院所应当加强房产、仪器、设备等固定资产的管理、监控，规范操作流程，定期进行维护保养与更新，切实清除安全隐患，确保设备安全运转和有效使用。科研院所严格履行固定资产处置报备报批手续。资产处置涉及产权变更的，应当按照规定及时办理产权变更手续。

3. 无形资产

科研院所的无形资产一般包括专利权、商标权、著作权、土地使用权、非专利技术等没有实物形态的可辨认的非货币性资产。科研院所应当对无形资产实施归口管理，明确相关部门和岗位职责权限，确保不相容岗位相互分离、相互制约。

科研院所应当全面梳理外购、自行开发以及其他方式取得的各类无形资产权属关系，加强无形资产权益保护，防范侵权行为和法律风险。科研院所通过购买、支付土地出让金、置换、行政划拨或接受捐赠等方式取得的土地使用权，应当取得土地使用权有效证明文件。

科研院所应当加强无形资产验收、台账记录、统计分析、日常维护、盘点、定期对账、收益分配和处置等环节管理、监督和控制。同时，科研院所应当做好无形资产保密工作。对涉密无形资产，应当执行严格的接触限制与审批程序，并与相关责任人签署保密协议，做好隔离防范措施，防止泄密。

科研院所应当重视对本单位的名称、标识的管理，对未经批准利用本单位名称、标识的行为，特别是牟取不当利益的行为，应当迅速查处、纠正，必要时，应当采取法律措施，维护单位合法权益。

4. 对外投资

对外投资是科研院所资产管理的重点和难点，对外投资管理的难点是各种历史遗留问题较多且比较复杂，如处理不善，可能存在国有资产流失的隐患。科研院所对外投资业务应当实行归口管理，按照内部控制要求明确相关部门和岗位职责权限，确保对外投资业务不相容岗位相互分离、相互制约。

科研院所对外投资应当依法合规，不得从事国家禁止的投资业务。科研院所应当加强对外投资可行性论证，重点对投资目标、规模、方式、资金来源、风险与收益等进行分析、论证。科研院所可以根据投资项目实际需要，委托具备相应资质的专业机构进行可行性研究、论证。

科研院所必须将对外投资纳入单位重大经济事项管理，在可行性论证和必要的专业技术咨询基础上，报单位领导班子集体决策，并按照规定办理审批手续。投资方案发生重大变更的，应当重新履行可行性论证和相应审批程序。科研院所应当根据批准的投资方案，与被投资方签订投资合同，明确出资时间、金额、方式、双方权利义务和违约责任等内容，并按规定权限和程序履行审批手续后执行。

科研院所应当指定专门机构或人员对投资项目进行跟踪管理，及时收集被投资方财务报告等相关资料，定期组织投资效益分析，关注被投资方的财务状况、经营成果、现金流量以及投资合同履行情况，发现异常情况，应当及时报告，提出处理意见并妥善处理。

科研院所应当加强对外投资业务会计核算，建立投资管理台账，及时、全面、准确地记录对外投资价值变动和投资收益情况。科研院所对外投资归口管理部门应当加强对外投资有关文件资料管理，妥善保管对外投资可行性报告、审批文件、投资合同、投资计划书、对外投资评估和处置等文件资料。

科研院所应当加强投资收回和处置管理，针对长期难以注销的"僵尸企业"或权属不清、手续不全等历史遗留问题，要严格按照国有资产管理规定和国家最新政策进行对外投资企业的收回、转让、核销，注意取得转让和核销的法律文书及相关证明文件。对重大决策失误、未履行集体决策程序和不按规定执行对外投资业务的部门及人员，应当追究责任。

（五）建设项目内部控制

科研院所应当将建设项目作为重大经济事项，由单位领导班子集体决策，严禁任何个人单独决策或者擅自改变集体决策意见，决策过程及各方面意见应当形成书面文件，与相关资料一同妥善归档保管。

1. 项目立项

科研院所应当确保建设项目建议和可行性研究与项目决策、概预算编制与审核、项目实施与价款支付、竣工决算与竣工审计等不相容业务相互分离，以达到建设项目管理各个环节和岗位相互制衡的目的。

科研院所应当根据国家有关规定，结合事业发展需要，提出建设项目建议，委托具有相应资质的专业机构开展可行性研究，形成项目可行性研究报告，按照规定履行报批手续。科研院所应当加强建设项目计划管理，按照规定编制、上报年度投资计划，并按批准的投资计划实施。

2. 招标与日常管理

科研院所建设项目应当严格执行国家招投标规定，择优选择具有相应资质的勘察、设计、施工、监理等单位，并接受有关部门监督检查。科研院所应当加强建设项目造价管理，做好初步设计概算和施工图预算编制工作，组织工程、技术、财会、审计、法律等部门专业人员或委托具有相应资质的中介机构审核概算预算，按照规定的权限和程序报批后严格执行。

科研院所应当加强项目建设过程监控，严格按照批准的投资概算预算开展管理、控制项目投资，如有调整，应当按照规定报批。科研院所应当建立项目变更管理制度，严格控制项目变更，确需变更的，应当按照规定权限和程序报批。重大项目变更应当按照项目决策和投资控制规定重新履行审批手续。科研院所应当加强建设项目资金管理，按照批准的投资计划使用资金，严禁截留、挪用和超批复内容使用资金。科研院所应当加强与建设项目勘察、设计、施工、监理等单位的沟通协调，准确掌握建设进度，加强价款支付审核，按照规定办理价款结算。实行国库集中支付的建设项目，应当严格按照规定支付资金。

3. 竣工决算

科研院所应当及时组织建设项目竣工验收。交付竣工验收的建设项目，应当达到设计质量要求，有完整的工程技术经济资料，并具备国家规定的竣工条件。验收合格的项目，应当编制交付使用财产清单，及时办理交付使用手续。

建设项目竣工后，科研院所应当按照规定时限及时办理竣工决算，组织竣工决算审计，并根据批复的竣工决算和有关规定办理建设项目档案和资产移交等工作。建设项目已实际投入使用但超时限未办理竣工决算的，应当暂按建设项目的实际投资入账，转作相关资产管理，完成决算后做相应调整。

科研院所应当加强对建设项目档案管理，建立完整的建设项目档案。科研院所应当建立完工项目评价制度，对项目建成后所达到的实际效果进行绩效评价。

（六）合同内部控制

科研院所是以公益性为目的的主体，在履行科学研究、技术培训、服务社会等主要职能过程中，必然会广泛参与各种社会经济活动，科研院所为保障自身的合法权益，必然会签订各种合同。随着科研院所参与经济社会活动范围日益扩大，所涉及的合同种类、合同数量越来越多，合同金额也各不相同。因此，加强合同内部控制管理，对科研院所健康持续稳定发展至关重要，是科研院所内部控制管理工作的重点内容。

1. 合同订立

科研院所订立的合同，不仅是与合作方进行经济业务往来的主要依据，也是重大决策不可或缺的参考资料。科研院所应该加强对合同订立的管理，明确合同归口管理部门，对合同签订的职责和程序进行规范，对合同进行全面的分类管理，实现合同管理办法对各类合同的全覆盖。

科研院所应高度重视合同签订的"事前"审查，引进专业的合同管理人才，评估业务的可行性，审查财务相关条款，聘请法律顾问对合同的条款、用词等进行审核，避免因合同条款问题造成不必要的合同纠纷，按照合同分类管理原则，规范合同审批的流程和负责人权限，防范合同订立阶段的各种风险。

目前，绝大多数科研院所已经实现合同管理的信息化，订立合同的项目负责人可以通过合同管理内部控制系统提交合同订立申请，系统根据内置的审批权限对合同订立申请进行推送，合同归口部门和法务等审批主体履行合同线上审批职责，只有完成线上审批流程的合同方可至印章管理部门加盖有效印章。

2. 合同履行

科研院所应将合同履行作为合同内控管理工作的重点，合同能否顺利履行，是保障合同双方合法权益的重要基础。科研院所签订合同的项目或部门负责人是合同履行的主体，合同签订后，对于有合同管理内控系统的科研院所，项目负责人应当将合同的关键信息如合作单位、合同金额、时间节点等录入合同管理内控系统，并扫描合同原件，以上合同相关信息以字段方式通过中间库共享同步到财务核算系统，确保财务部门按照合同约定的执行进度时点结转收支，以满足政府会计改革对会计核算实行权责发生制的要求。没有合同管理内控系统的科研院所，应该对以上合同关键信息进行登记，以便后续跟踪管理。

3. 合同归档

合同归口部门对项目合同进行归档，通过合同管理内控系统将合同关键信息在各管理部门进行共享，归口部门可根据合作单位、合同履行人、合同金额等对合同进行大数据分析，如当科研项目负责人与某一合作单位多次签订合同时，系统自动出现风险提示，合同归口部门和监管部门可据此对合同进行重点监督检查。

4. 合同纠纷处理

科研院所应当明确合同纠纷处理办法、相关审批权限和责任，在纠纷处理过程中，相关经办人员不得擅自向对方做出实质性答复或承诺。

合同发生纠纷的，合同经办人员、主办部门应当根据纠纷情况提出妥善处置措施、建议，及时向单位相关部门、领导直至主要负责人报告，能与合同对方达成一致意见的，应当签订书面协议，无法协商解决的，按照合同约定通过仲裁或诉讼方式解决。

涉及合同赔偿的，合同主办部门应当采取多种措施在法定追责时限内督促对方及时赔偿，合同归口管理部门、财务部门应当密切配合，做好相关记录、核算和监督工作，共同维护单位合法权益。

（七）科研项目内部控制

科研项目管理的内部控制是为了实现单位的整体目标，对科研项目涉及的人力、物力、财力等资源进行配置和管理，而建立一系列控制机制和程序。

1. 科研项目立项审批管理

科研项目立项是对科研项目进行全流程管理的开始，项目管理部门通过组织专家对所申报项目的必要性、立项依据、预算编制、成本核算、绩效指标、价值与意义等进行评审，对科研项目预算进行审核，对符合相关要求的给予立项。

在立项审批阶段，科研院所一般会邀请专家对项目是否立项进行论证，应充分考虑所聘请专家的知识背景、工作经验、研究领域等因素，确保专家的擅长领域与所评审的项目主题相匹配，以便对项目的预算编制、成本核算、绩效指标等内容做出科学公允的判断。

2. 科研项目日常过程管理

科研院所要加强对项目的过程性管理，采取有效措施对项目开题、中期推进、结题等进行全过程管理，要对照项目预期目标对项目执行情况和预算执行情况进行"双监控"，确保课题研究达到预期效果。

科研院所应高度重视当前科研领域"放管服"背景下科研项目管理中暴露的"重立项、轻管理"、过程管理流于形式的风险趋势，针对科研项目管理中每一个流程、环节可能出现的问题，进行全面、仔细的排查，制订具有针对性的解决方案。对已经开展的科研项目进行动态跟进，监督并记录管理制度中明确提出的各项指标，并将其纳入科研项目验收和考查范围。进一步压实项目人的主体责任，逐步建立全面、客观、公正的项目过程管理与结题验收一体化考核体系，有效调动项目负责人和项目组成员的积极性，多措并举，加快科研进度并提高科研质量。

3. 科研项目验收结题管理

验收阶段是对科研项目活动取得的成果进行评价，这一阶段的预算控制以预算目标为依据，通过将实际结果同目标进行比对并分析差异，对预算执行进行评价作为预算考核结果，同时可以作为下一年预算编制的参考。

对项目的成本费用进行控制，项目管理部门须对项目的进度、成果等进行审核，财务部门和纪检监察部门对项目的经费支出内容进行审核，分析预算执行情况，逐步建立考核奖惩的激励制度，对成本实现有效控制的项目予以适当奖励，对经费使用不当、违反使用规定等情况，则给予项目负责人一定的惩罚，并与未来该项目负责人申请立项与拨款挂钩。

（八）科研经费内部控制

科研院所对科研经费进行内部控制，就要制定完善科研经费管理制度，合理编制科研项目经费预算，严格按照批准的预算进行支出，确保预算执行进度与项目研究进度基本保持一致。

1. 预算管理

科研院所应当加强科研项目预算管理，按照规定编制科研项目经费预算，确定预算绩效指标。财政性科研项目经费按照立项批准书下达的预算执行。只有预算申报、没有预算批复的，由科研院所项目负责人根据项目批准额度和项目申报预算，结合项目研究实际，编制项目预算并报送科研和财务管理部门审核、备案，作为预算执行的依据。

非财政性科研项目经费按照委托合同约定执行，合同书中没有约定经费预算的，由项目负责人根据委托合同约定额度，结合项目研究实际编制项目预算，经科研和财务管理部门审核后，上报科研院所相关领导审批，作为预算执行依据。

科研院所应当加强科研项目经费催收管理，科研项目负责人应当按照立项批准书或合同约定，及时申请、催收项目经费，财务部门应当做好核算，并将经费到位和预算执行情况及时反馈给相关部门和项目负责人，确保科研项目经费及时足额到账。

2. 支出管理

科研院所应当加强科研项目经费支出管理，强化预算控制，严格按照批准的项目经费预算，统筹安排科研项目支出。

科研院所应当认真执行国家法律法规、本单位规章制度，以及科研项目合同的有关规定，严格履行经费支出申请、审批、招标采购、资产验收等程序，按照经费开支范围和标准，合理使用科研经费。科研院所不得以任何方式挪用、侵占科研经费，将科研经费转拨、转移到利益相关单位或个人，购买与科研项目无关的设备、材料和个人消费支出，不得虚列、伪造名单，虚报冒领科研劳务、咨询费甚至设立小金库。

科研院所应当加强联合科研和经费外转管理，对与其他单位合作开展科研的，应当对合作单位进行必要的调查，签订合作研究合同，明确双方职责、分工、权利义务、成果归属和经费安排等，及时按照约定办理经费收取、划拨手续，维护单位合法权益。

3. 决算管理

科研院所应当根据科研项目进度和预算经费执行情况，及时、真实、完整编制项目经费决算。科研院所应当根据国家和单位有关规定，以及科研项目合同约定，做好项目经费结转结余工作，严禁随意调账，严禁隐匿、转移科研项目经费。

科研院所应当加强科研项目经费监督检查工作，确保科研项目经费使用和管理合法合规。应当积极配合主管部门和其他监督、管理部门的监督、检查，发现问题及时整改。

4. 绩效评价

科研院所应当根据国家有关规定，结合单位实际，制定项目绩效评价指标体系，按照项目预算要求和评价工作方案，有序开展科研项目绩效评价工作。科研院所应当根据项目的重要性、专业性和复杂程度等情况，采取自行组织或委托社会专业机构开展绩效评价，形成绩效评价报告。

科研院所开展科研项目绩效评价工作应当坚持客观、公正原则，注意理论研究与实践应用相结合，经济效益与社会效益相结合，定性分析与定量分析相结合，绩效评价结果与健全约束和激励机制相结合，全面提升科技创新能力。科研院所应当重视科研项目绩效评价结果的应用，不断完善科研项目管理，提高科研效率效果，提高经费使用效益。

　　总之，针对科研院所在经济活动中出现的风险点，科研院所应当在单位层面和业务层面同时加强内部控制管理，必要时将关键经济活动及其内部控制流程嵌入科研院所内控信息系统，实现内控管理的程序化和常态化。科研院所通过对预算、收支、采购、资产、建设项目、合同、科研项目、科研经费八个方面关键环节进行内部控制，必将实现科研经费收支合法合规和科研经费财务信息真实完整，对有效防范科研活动中的经济舞弊，提高科研经费使用效益意义重大。

第五章　财务数智化转型

　　财务数智化是财务数字化和智能化的统称，是指将复杂多变的财务信息转变为可以度量的数字和数据，再使用人工智能算法建立相应的智能化模型，从而实现财务管理智能化的发展目标的一系列技术手段。财务数智化转型是科研院所推进财务管理工作，实现财务治理体系现代化的必然要求。

　　本章从财务数智化的发展历程入手，回顾从计算机引入传统财务演化到智能财务所经历的三个阶段：会计电算化、会计信息化、财务数智化，围绕科研院所财务数智化转型的优势、意义等展开分析，逐步发现科研院所在财务数智化转型中面临的问题进行深入剖析，通过完善机制构建顶层设计、加强信息共享、构建自动化及无纸化体系、转变财务人员思维模式及完善健全信息安全管理机制等路径，提高财务治理效能，创新财务治理体系，确保科研院所健康可持续性发展。

第一节　财务数智化的发展历程

党的二十大报告指出，建设现代化产业体系，坚持把发展经济的着力点放在实体经济上，推进新型工业化，加快建设制造强国、质量强国、航天强国、交通强国、网络强国、数字中国。习近平总书记在十九届中央政治局第三十四次集体学习时讲话中强调，我们要站在统筹中华民族伟大复兴战略全局和世界百年未有之大变局的高度，统筹国内国际两个大局、发展安全两件大事，充分发挥海量数据和丰富应用场景优势，促进数字技术和实体经济深度融合，赋能传统产业转型升级，催生新产业新业态新模式，不断做强做优做大我国数字经济。这不仅对产业数字化提出了新要求，也对财务数字化提出了新要求。

区块链、大数据、人工智能、云计算、物联网等新一代信息技术极大推进了信息化的发展，加快了财务管理工作智能化向前迈进的步伐，特别是在支付环节、财务管理等都在逐步使用更加先进的信息技术。财务人员日常的工作极为琐碎，通常又需要处理大量的财务数据，使财务人员陷入繁重而重复性工作中苦不堪言，传统信息手段无法满足日常业务处理的需求，就需要通过数智化工具来解决各种问题。

为改善上述情况，财务数智化转型也逐渐应运而生。2018年以"人工智能赋能新时代"为主题的世界人工智能大会强调了人工智能作为新一轮产业变革核心技术满足新时代智能需求的力量。在党的十九大报告中习近平总书记提出"以技术创新为支撑，建设数字中国"的发展目标，为数智化转型和发展指明了探索方向。当今社会人工智能、5G 技术、大数据等新一代信息技术的广泛应用标志着"数智"经济时代的到来，加快了财务数智化的建设进程，越来越多的管理者将关注重点放在如何顺应时代需求对传统的财务模式进行优化升级的问题上。❶

一、会计电算化

（一）会计电算化的背景

会计电算化产生的时代背景是工业社会，随着工业化程度的不断提高，不断增多的经济业务使得会计工作变得愈发繁杂。当时的会计模式已无法满足工作需求。为了适应单位快速发展的需要，增强会计数据的处理能力，计算机开始在会计工作中得到应用。

"会计电算化"一词在中国于 1981 年 8 月提出。在财政部和中国会计学会召开的"财务、会计、成本应用电子计算机专题讨论会"上，首次提出了这一概念，并将"会计电算化"作为"电子计算机在会计中的应用"的简称。相关专家对会计电算化相关问题进行了大量的理论研究和实务探讨，得出了诸多结论，对促进会计电算化的进一步发展具有极其重大的意义。❷

---

❶ 刘勤，杨寅. 改革开放 40 年的中国会计信息化：回顾与展望 [J]. 会计研究，2019（2）：26-34.

❷ 刘开瑞，高晓林. 中国会计文化理论架构研究 [M]. 北京：中国人民大学出版社，2018.

（二）会计电算化的定义

会计电算化是以电子计算机为基础的现代电子技术和信息技术运用到会计实务中的简称，是利用电子技术的手段对企业的会计要素、财务收支的增减变化进行核算，是对企业的预算、物流成本和资金流等进行管理的信息操作系统。会计电算化使会计从业人员从繁重的手工劳动中解放出来，会计工作的效率有所提高，会计工作的质量水平有所提升。

（三）会计电算化的特点

1. 数据的准确性有所提高

准确性较高、逻辑性较强是计算机最大的优势，运用会计电算化软件对数据进行处理，处理结果必然具有较强的准确性和逻辑性。会计电算化软件使会计数据的处理速度大大提高，极大地提高了数据处理的效率，减少了人为因素造成的错误，提高了会计核算的质量，增强了会计信息的及时性，减轻了会计人员的劳动强度。

2. 数据存储形式发生变化

在会计电算化的软件里，经济业务原始数据不会再像手工会计那样被手工记录在账本中，其存储的形式是文件，而这种存储的介质，又都是以磁性的材料为主。存储的形式决定了会计信息的储存、复制、使用更为安全便捷。

3. 内部控制实现程序化

单位在实现会计电算化以后，内部控制发生了很大变化。会计电算化环境下，原来在手工会计的环境下行之有效的控制制度，基本上失去了其控制的作用。需要通过对所有会计从业人员的操作权限进行划分实现内部控制，保证会计信息的准确性和独立性。

4. 数据处理实现集中化

随着会计电算化的不断发展，电算化系统的复杂性越来越高，数据处理就越来越集中化。在集中处理数据过程中，系统中原始数据采集一般都会以代码作为其标识，包括会计科目的代码、职工的编码、材料的编码等。以数据处理集中化为特点的会计电算化，实现了数据的交流和集中处理，人工的操作和人为的干预大大减少。

二、会计信息化

（一）会计信息化的背景

在国外，财务信息化发展是以财务共享中心的实施为表现形式，其最早起源于 20 世纪 90 年代，由美国福特汽车、通用电气、百特医疗以及科尔尼等一批大型跨国企业牵头，成立了财务共享服务中心（Financial Shared Service Center，FSSC），FSSC 的出现为我国财务人员转型提供了借鉴经验。❶ 在我国自 1979 年财政部在长春第一汽车制造厂启动的会计电算化的试点工作起，至今财务信息化的发展已有 40 余年。1999 年 4 月初，深圳金蝶软

---

❶ 孙健，刘梅玲. 中国会计学会学术会议综述［J］. 会计研究，2019（1）：93 – 95.

件科技有限公司和深圳市财政局举办了一场"新形势下会计软件市场管理研讨会暨会计信息化专家座谈会",理论界第一次提出"会计信息化"的概念。2000 年在深圳举行的"首届会计信息化理论专家座谈会"上,理论界第一次提出"从会计电算化向会计信息化"的发展方向。中兴通信于 2005 年在国内率先成立财务共享服务中心,宝钢集团、中国电信集团、海尔集团、华为集团等企业都开始推行该业务,用来提升单位经营效率和资源配置的管控能力。在深入探讨会计信息化问题之后,财政部会计司原司长刘玉廷提出了会计信息化的发展理念,指出必须对会计信息化的内涵和外延进行深入研究,并归纳出了全社会各行业对会计信息化建设的工作要求。❶

(二) 会计信息化的定义

会计信息化是利用现代信息技术,例如计算机、网络、通信等,将传统的会计工作模式进行重构,并在重构后现代会计工作模式上,通过广泛利用和深化开发会计信息的资源,建立会计与技术高度融合的、开放的、现代的会计信息系统,来提升会计信息在资源优化配置上的有用性,并促进经济发展和社会进步的过程。会计信息化既是企业信息化和国民经济信息化的组成部分,也是其发展的基础。定义中强调了过程是会计信息化的本质,现代信息技术是其利用的手段,建立现代化的会计信息系统是其目

---

❶ 张歌. "互联网 +"企业财务信息化建设优化方案设计研究 [D]. 北京:北京交通大学,2020:5-6.

标，提高会计信息的可靠性和有用性是其作用。

（三）会计信息化的特点

1. 普遍性

会计的所有领域，例如会计理论、会计管理、会计工作、会计教育等方面，都要全面运用现代信息技术。信息技术在会计中的应用比较普遍，无论是会计工作还是理论与实践，都体现得比较多。目前，在以上领域中，后三个方面的运用有所不同，可以被称为起步较晚、发展较快、成效较大，只不过还不能够真正地达到会计信息化要求的水平，而且在会计理论方面是相对滞后的。

2. 集成性

为了支持新兴的管理模式和组织形式，如"数据银行"和"虚拟企业"，会计信息化对传统的业务处理流程和会计组织进行了全面的重构。会计信息系统通过将信息技术引入会计实务，使会计核算从手工走向计算机网络化，最终形成一个完整的会计系统。会计信息化对业务流程进行重整过程的起点和终点均旨在实现信息的高度整合。会计信息系统作为一个整体，它的设计目标就是实现信息的集成。信息的整合涵盖以下方面：首先是在会计领域实现信息的整合，即实现管理会计和财务会计之间信息的整合，以协调解决会计信息真实性和相关性之间的矛盾；其次是要在单位组织内部实现财务和业务的无缝融合，将财务信息和业务信息有机地融合在一起，让业务和财务信息相互依存、相互促进；建立单位与外部关系人（如客户、银行、供应商、税务、审计、财政等）之间的信息化网络，以实现单位内外部信息的无缝整合。

3. 动态性

会计信息的披露和反馈是动态性的，会计核算的过程与结果是动态的，会计信息化在时间维度上呈现出一种动态的特征，即会计数据的采集是一项不断变化的任务。一旦数据发生变化，会计信息被实时存储于服务器内，并及时传输至会计信息的系统中，等待下一步处理。随着经济的发展以及信息技术的进步，会计业务变得越来越复杂，会计数据量也日益增加。对于会计数据的处理，需要确保其时效性，这样就能使会计信息的使用效率得到极大提升。一旦会计数据输入会计信息系统，即刻启动相应的处理系统，对其进行分类、汇总、计算、分析和更新等一系列操作，以确保其能够实时反映整个组织的经营成果和财务状况。在信息社会，会计信息的收集和处理过程都要实现自动化和智能化，这样就能大大提高会计信息的时效性。让会计信息的发布、传输、利用能够实时化和动态化，会计信息数据的使用者也能够及时地做出管理决策。❶

三、财务数智化

（一）财务数智化的背景

国外对人工智能在会计领域的研究涵盖人工智能技术本身发

---

❶ 段楠. 对会计电算化向会计信息化过渡的研究［D］. 太原：山西财经大学，2013：3-20.

展的各个阶段，在会计专业上则包括基于机器人流程自动化（RPA）的会计处理、辅助财务管理和财务分析、欺诈检测舞弊等，并逐渐向更广范围的税务、法务会计、金融投资等领域延伸。国内人工智能作为应用工具的研究，主要以财务共享服务为基础应用场景，并以管理会计决策功能转型为背景进行。在实务领域，少数企业实现了基于人工智能经验规则的初级应用，在"产、学、研"结合的战略下逐渐实现应用的深入。财务共享服务引领了财务的智能化转型。

RPA 技术的广泛应用，实际上是基于财务共享服务的应用场景与管理会计决策功能转型为背景进行的，尤其在德勤宣布应用RPA 后，这一研究成为广泛趋势。财务共享服务作为企业财务智能化转型的基础，为智能财务技术的落地应用提供了良好的平台和应用场景，特别是在由财务共享服务中心向企业数据中台转变的过程中，为人工智能技术提供了更大的应用空间。❶

对比国内外智能财务的研究现状，可以发现，国外无论是将人工智能作为分析对象还是作为应用工具，研究起步相对较早，并且已有大量较为具体的成果，特别是在应用人工智能对会计带来的各类问题有较多的讨论，对应用过程中带来的管理问题和政策制定问题有较为深刻的认识和讨论的紧迫性。我国学者则倾向于从制定应用框架、解决实际应用中的技术问题入手，探讨智能财务的应用。有关具体应用领域的探讨仍然较少，研究总体仍处于方向性和概念性的讨论，真正进入实际应用中的并不多。

---

❶ 张庆龙. 智能财务研究述评 [J]. 财会月刊, 2021 (3)：9 – 16.

对于需要用来满足智能财务应用的人工智能技术而言，中国与西方发达国家之间的差距逐渐缩小，因而在智能财务应用上基本都处于起步阶段，差距并不十分显著。具体表现在以下两个方面：第一，从技术上看，虽然中国人工智能企业对于代表人工智能理论水平的算法研究相对落后，缺少原创性算法，而与智能财务应用高度相关的计算机视觉、语音技术、自然语言理解等方面的专利申请和授权量，中国企业具备一定的优势。第二，从战略上看，受互联网起步早晚和信息化水平高低的影响，西方发达国家在企业管理信息系统数量及财务管理模块的智能化程度，显著高于国内企业，但总体上，在技术的不断进步影响下，国内企业和技术服务公司逐渐走出企业信息化的"复制模仿"的阶段，开始独立思考自己的财务智能化发展道路，并且具备大量的应用场景。

(二) 数智化财务的定义

针对智能财务体系定义的研究，国内外尚未有专门权威文献。已有文献主要研究智能财务的定义，并没形成普遍认可的权威定义。刘勤、杨寅（2018）[1] 认为智能财务依托流程融合，通过人机合作，将业务活动、财务会计流程和管理会计流程合一，逐步替代财务专家活动，实现企业财务管理效率的提升。刘梅玲等（2020）[2] 认为，智能财务是运用"大智移云物区"等信息技

---

[1] 刘勤，杨寅. 智能财务的体系架构、实现路径和应用趋势探讨 [J]. 管理会计研究，2018（1）：6-7.
[2] 刘梅玲，黄虎，佟成生，等. 智能财务的基本框架与建设思路研究 [J]. 会计研究，2020（3）：179-192.

术对传统财务工作进行模拟、延伸和拓展，发挥财务在管理控制和决策支持方面的作用。陈俊、董望（2021）❶认为智能财务是新兴信息技术、数字资源与财务管理的融合，依托新兴信息技术提升财务管理效率和效果，从职能和战略上实现财务管理价值创造。张庆龙（2021）❷运用"属 + 种差"的方法，提出智能财务是基于数字化和智能化的新一代财务，人工智能技术全面融入财务工作，拓展了财务服务职能的广度和深度。

财务数智化 = 财务数字化 + 智能化。人工智能技术的快速发展，对财务管理领域的数字化实践产生了很多影响，体现为增强财务处理及管理工作的智能化程度。因此，业界将财务数字化概念又进一步演进为"财务数智化"。

"智能财务"分为狭义的智能财务与广义的智能财务。狭义的智能财务是指将人工智能技术与财务管理进行有效融合，通过人工智能技术的使用，使得部分会计及财务工作变得自动化、智能化，一定程度上替代人工工作或者扩展人类的认知智能，从而开展管理支持工作。广义的智能财务是指将 5G 等新技术运用于财务工作，从而帮助企业实现财务管理的重构或者升级。❸

（三）财务数智化的特点

1. 海量数据是驱动

在财务数智化下，单位开展财务工作的驱动方式，是海量数

---

❶ 陈俊，董望. 智能财务人才培养与浙江大学的探索 [J]. 财会月刊，2021 (14)：23 – 30.

❷ 张庆龙. 下一代财务 [M]. 北京：中国财政经济出版社，2021：20 – 23.

❸ 付建华. 财务数智化基础研究 [J]. 会计之友，2021 (18)：2 – 8.

据的任务驱动。财务数智化就是通过搭建有用信息系统，更加注重前台和中台以及后台的服务，以数据分析、梳理、存储、加工、使用为主，实现数据与应用分离。

2. 管理会计是重点

在财务数智化时代，信息技术应用的重点领域是管理会计，单位更加注重报告及决策支持系统，从而对产品全生命周期进行的成本管理共享服务中心的建立，其协同范围不再是只关注单位内部的协同，而是更加注重单位间的协同。

3. 支持决策是目标

财务数智化服务目标是支持管理决策，单位通过财务数智化，提供丰富的财务大数据对经营风险进行控制。实现服务目标决策，支持商业创新的管理目标。❶

第二节　财务数智化转型的必要性

财务数智化是当今共享经济时代的一种产物，是财务信息化、大数据、人工智能化三者的有机结合，三者的协同逻辑关系可以简单地概括为：财务数字化 = 大数据 + 财务，财务数智化 = 人工智能化 + 财务数字化。科研院所对财务治理体系创新，必须借助移动互联网技术的东风、5G 新基建的配套、大数据技术、

---

❶ 位雪. 基于财务数智化时代，大数据会计专业发展应对策略探索 [J]. 中国乡镇企业会计，2022（12）：163 – 166.

云计算、物联网等新知识和新技术运用到传统的会计核算工作，结合人工智能和财务信息化等通过多种渠道和途径，更加有效地为科研院所的管理决策提供有用的信息。

一、财务数智化转型的优势

（一）提升财务服务质量

科研院所进行财务数智化转型是对传统财务工作模式的转变，能够实现线上报销、会计凭证、预算管理等财务工作的自动化，解决数据管理的跨系统协同与数据分析的自动生成，提高财务信息的质量，能将工作人员从大量重复烦琐的工作中解放出来，将工作重心转到提高财务服务质量，提升全体员工的满意度。

（二）推进财务职能转变

科研院所进行财务数智化转型将打破业务部门与财务部门之间的"信息壁垒"，实现信息共享与协同合作，确保数据的及时性、准确性和完整性。财务与业务融合有利于将财务管控工作落实到业务层面，提高财务对科研院所各项业务的掌控能力，提升资源使用效益和预算绩效管理水平，促使财务由核算角色向管理角色的转变。

（三）实现财务价值创造

随着经济的快速发展和信息技术的不断进步，科研院所的管理者在决策过程中，对财务数据的需求和依赖程度越来越高。构建智能财务体系，不仅能为管理层提供高质量、标准化、可视化的财务数据，而且能通过预算预测、财务分析、动态监控等方式为管理者提供决策参考，财务部门通过拓宽职能定位更多地参与科研院所战略发展的制定和落地。

二、财务数智化转型的意义

（一）对科研院所的意义

当今时代，由"大数据 + 云计算 + 人工智能"组成的数据生产力潮流正滚滚而来。财务作为管理职能中的核心职能，天生就承担着"信息加工"的职责，天生就是管理者掌握"数据"最丰富的领域。

在大数据智能化时代下，科研院所要高度关注财务管理中存在的问题，进一步改善财务经营状况。因此，财务数智化转型成为众多科研院所启动数智化转型的第一领域。由于财务部门在单位中的特殊地位，以及财务信息化的特殊发展历程和习惯，财务数智化甚至成为引领及核心驱动力。通过财务数智化创新促进业务数智化创新，财务数智化先行，成为很多科研院所的共识。

（二）对财务部门的意义

随着大数据技术的发展，财务部门不仅面临复杂多变的自身微观环境变化所带来的风险，还会面临外部宏观环境变化带来的各种风险。在这种情况下，数据化和智能化将促使财务部门主动转变工作职能。财务数智化的发展，能够帮助财务部门快速收集到决策所需的信息，从复杂的会计数据中看出管理中存在的问题，从而形成大量数据支撑的材料，为管理者的科学决策提出合理化的建议。

（三）对财务人员的意义

在财务数智化时代下，财务人员面临繁杂而庞大的财务数据，对这些数据进行分析、解读、呈现等工作是财务人员的重要工作。这就要求财务人员将工作重心从传统的会计核算转移到数据分析之中，借助大数据分析技术工具，为管理层做出重大财务决策提供数据证明和依据，提高管理层经济决策的质量。

第三节　科研院所推进财务
数智化转型所面临的问题

当前，大数据、人工智能、移动互联、云计算、物联网、区块链等数字技术呈迅猛发展态势，各行业各领域数字化转型的步伐大大加快。2021 年，财政部发布《会计改革与发展"十四五"

规划纲要》和《会计信息化发展规划（2021—2025 年）》，将会计信息化提升到更加重要的地位，未来一段时期，财务智能化、数字化将成为财务工作的必然趋势，数智化的发展程度将直接影响科研院所财务治理的水平，财务数智化转型将给科研院所财务治理带来新的机遇，同时也带来了前所未有的挑战。当前科研院所在推进数智化转型方面存在以下问题。

一、财务数智化转型缺少顶层设计

（一）理念思路束缚

科研院所受长期以来重科研轻管理、信息化建设专项经费、信息化人才匮乏等因素影响，普遍缺乏对科研院所总体信息化、智能化改革的规划和顶层设计，对信息系统建设、管理和维护未实施归口管理，未将经济和业务活动及其内部控制流程嵌入信息管理系统，各类信息不能得到及时完整汇总、有效利用，可能导致运行效率低下，低水平重复建设，存在信息安全隐患。

科研院所在运行管理的过程中体现出较强的公益性特征，各环节都围绕为社会提供服务开展，公益属性决定了其运营目标和重点与企业存在较大差别。企业是以营利为目的，在经营管理的过程中需要不断提升自身的竞争力，进而获取更大的市场份额，财务管理信息化建设在科研院所中占据十分重要的地位，而其内部管理人员对财务信息资源共享与应用也会投入更多的关注。在这个角度上来看，科研院所在进行财务管理时则更加体现出单一性和重复性的特点，加上不需要面对较大的竞争压力，导致其对财务管理数智化建设的认识不足，也缺少足够的创新意识与方法。

当前，部分科研院所没有认识到数智化转型在管理中的重要作用，信息化投入与建设不足，在财务管理方面，工作人员的信息化建设意识不强，这都阻碍了科研院所数智化转型的推进。其次，财务数智化转型需要投入大量的资金，建设周期也较长，很多科研院所资金有限，只运用了简单的信息化管理工具，而没有在院级层面建立整合各个部门的信息化管理系统，更不要说数智化转型了。财务管理信息化与科研院各个部门及所有员工的工作密切相关，而很多工作人员没有认识到财务管理信息化对自身工作的影响，这也阻碍了财务数智化转型的全面落实。

（二）体制机制约束

在科研院所推进财务智能化转型是涉及众多部门、诸多层次的系统工程。目前，绝大多数科研院所各部门之间尚未完全实现信息的联通和共享，不同层级及部门之间的条块分割形成了体制上的物理分隔。不同科研院所之间、院所与社会之间缺乏有效的跨域、跨行政协同治理及信息沟通机制，在财务保障、信息安全、科研保障等领域，单位间的多元共治格局尚未形成。

科研院所内部呈现出治理部门化、碎片化的倾向，片面强调数据安全保密以及数据重新整理成本，造成事实上的不想、不愿、不敢和不能共享状况。已经公开共享的数据也因为缺乏统一的规划和标准数据接口导致共享的责任主体不明、利益界限不清，无法进行关联融合，进而直接影响科研院所推进财务数智化转型工作的效果效率。

二、财务数智化对业务的覆盖面较低

（一）未覆盖各业务环节

当前科研院所财务数智化水平与新形势下构建现代财务治理体系，推进科研院所治理水平和治理能力现代化的要求还存在较大差距，没有覆盖全众多的财务业务场景。比如科研活动发票的取得，录入上传报销系统、数据核对、票据审核、生成会计凭证、编制报表、与银行对账等环节均需要一定程度的人工介入，无法实现全部自动化流程化处理，人工和机器操作的切换过程不够灵活等，极大地影响了财务工作的运行效率。

（二）不能满足发展需求

科研院所目前的财务信息化状态已不能满足科研院所高质量发展的需求。目前科研院所财务信息化不够完善，业财融合也不充分，不同部门分成了各个模块，由科研管理系统、合同管理系统、资产管理系统、审批系统、财务核算系统等不同软件组成，以致无法实现智能化"互联互通"。有些科研院所，虽然运用网上审批流程和电子发票验重系统，但由于经费有限，并未配套电子档案系统，未形成全面信息化，科研人员上传电子发票验重后仍需打印纸质版本报销存档，不能全面做到无纸化线上处理。产生"报销繁"的问题，降低了服务质量，未让广大职工和财务人员得到应有的便利。

从信息化到智能化，科研院所智能财务转型发展还有很长的路要走，这一过程不仅需要释放财会人员的潜能，而且更取决于财务会计向财务管理和业财融合方向的转型。

三、"数据孤岛"普遍存在

在科研院所内部，同一个经济活动中的不同部门站在自己部门的角度理解和定义数据，使反映同一个经济事实的数据被赋予不同的含义，从根源上导致数据"孤岛"情况的发生。

(一) 财务数据之间彼此割裂

从科研院所单位层面看，财务数据散落于多个会计信息系统中，除了合并财务报表之外，缺乏统一的财务数据可视化的视图，呈现出碎片化的现象。当科研院所存在下级单位，分散核算的模式在各个下级单位都设置了独立的财务组织，包括一套完整的财务人员，这种财务数据在不同部门相互独立存储、独立维护的情况下，形成了所谓的物理上的"孤岛"，称为信息"孤岛"。信息"孤岛"则割断了科研院所内部的信息与沟通机制，造成许多重要的数据以碎片的形式分散在不同部门范围内，最终导致各部门无法基于整体的情况做出决策，而科研院所也难以统筹全局，做出同样科学的决策。

（二）财务数据与业务数据之间存在割裂

调研显示，科研院所的财务数据之间、财务数据与其他数据之间时常处于割裂状态，财务、资产、合同、采购等部门使用由不同的软件开发商基于不同的管理目标开发的信息系统，这些系统互联互通程度低，软件接口不开放、没有对接，影响了财务数据的高效传输和使用，增加了跨部门数据合作的沟通成本，限制了科研院所各项工作的运行效率，使科研院所不具备跨专业平台、多应用场景和全流程数据的互联互通能力。

四、监督管理职责落实不到位

监督管理责任落实不到位就会导致科研院所财务管理风险性增强。财务数智化转型为财务管理人员带来便捷的同时也带来了很多隐患，例如软件的不稳定、硬件设施的毁坏、软件系统被黑客攻击、核心数据丢失无法复原等情况都会给财务管理造成极大损失。现阶段很多科研院所并没有对这些问题进行很好的监控管理，这样科研院所推进财务数智化转型工作的安全性和稳定性就无法得到保障，在使用过程中也会伴随一定的风险。

（一）存在系统故障风险

科研院所财务数智化转型离不开财务信息系统的建设，财务信息系统设备分为硬件设备和软件两部分。硬件设备的完好是软件能够正常运转的基础，硬件的性能决定了软件的使用效果。质量低劣、性能落后、安装不规范的硬件会影响软件的正常运行，使信息系统不能充分发挥作用。软件是系统运行的灵魂，一般来说，与应用软件相比，系统软件运行相对稳定，故障不多，一般不会破坏系统信息，问题主要来自软件客户端或者软件系统等应用软件。

会计软件是新时代财务信息系统的核心，是信息系统得以正常、安全运行的重要条件，软件开发过程中技术不成熟会导致"差错级联"的现象，就是某一差错会因为扩散效应而被逐级放大。当前市场上会计软件五花八门，在科研院所大多使用的是天大天财、用友、金蝶等比较成熟的财务软件。但在会计软件设计开发的过程中，用户提出的安全需求少，所以普遍存在重功能轻安全、数据库考虑安全性能少的现象。有些会计软件的后台数据库能够通过数据库管理系统直接打开读写，并进行修改，为财务信息系统的管理和财务核算埋下重大的安全隐患。❶

（二）存在业务操作风险

科研院所推进财务数智化转型工作也需要各个数据系统的联通，如预算管理系统、会计核算软件、资产管理系统、科研经费管理系统、合同管理系统等。数据的输入者和管理工作人员范围广，工作能力和素质也参差不齐，相关人员职业判断失误、数据输入错误或者操作失误都会导致数据出错、计算机死机甚至数据

---

❶ 冯静. A 高校财务信息系统风险及系统优化研究 [D]. 武汉：华中科技大学，2018：10 – 12.

丢失、泄密的风险。如果科研院所管理不科学，缺乏完善的内部控制制度，信息系统日常维护不及时，未做好数据的备份工作，易导致数据无法恢复。

（三）存在数据安全风险

信息技术的特点决定了财务信息系统被攻击的风险，信息系统的一体化使其被破坏时的损失变得不可估量。虽然财务信息系统对传输数据进行加密，并设置防火墙，加强了数据安全，在登录获取信息利用密码、口令、电子钥匙，甚至电子签名或指纹识别等加强安全措施，但计算机高级人员为了达到非法目的而通过木马、"后门"对系统进行蓄意破坏或篡改，使得财务信息系统数据处在非常危险的情况中，威胁着科研院所财务数据的安全。

五、财务数据传输效率不高

时效性是数据存在价值的来源之一。数字经济时代，数据产生的速度快，对数据的应用场景已从离线转向在线，并出现高频、实时处理需求。对科研院所而言，同样需要深入、全面、实时地对海量信息进行分析与挖掘。然而，科研院所对财务数据高频实时的需求超出了现有的信息系统处理能力，导致财务数据的传输效率较低，时效性不高。

（一）财务数据存在滞后性

财务数据的生成和处理，也就是会计核算过程相对于业务而言存在滞后性。由于会计系统与业务系统存在相互割裂的数据"孤岛"问题,传统的核算业务所采集到的财务数据并不完整。这逐渐造成会计远离业务流程,使会计通过分析数据反映出来的信息具有严重的滞后性。这种滞后性不仅影响会计对业务活动的实时监督和控制,更使会计失去了提供实时数据以支持业务活动、实现业财融合、辅助管理决策发挥会计服务职能的机会,财务数据的价值也因此流失。

(二) 获取会计信息难度大

从财务数据中得到有价值的会计信息需要较多的数据,统计显示,数据分析人员 70% ~ 80% 的精力都花费在对数据资源的整理和准备上,对财务数据的处理同样面临这样的情况。在传统的科研院所财务管理中,从事核算、记账等最基本职能的财务人员可以占到整个财务系统的 70% 左右,财务人员耗费大量的时间和精力对原始财务数据进行整理、核算和记账,意味着需要更长的时间才能将经过整理的财务数据进行数据的分析利用。"人海"战术提高了财务数据处理的成本,也使财务人员无法完全顾及管理者的决策需求,财务数据价值释放的过程就被延长,相应也就降低了数据的价值。

(三) 财务数据质量不高

数据是信息的基础,财务数据的质量直接影响据此作出的决策质量。以财务数据质量的角度看,财务数据需要满足真实性和统一性两个标准。目前,科研院所财务数据的质量并不高,数据管理制度不统一使财务数据同样存在"数出多门"的情况，这影响了财务数据价值的发挥，无法完全确保财务数据的真实性是科研院所财务数据管理的一大问题。从科研院所管控的角度看，分散的会计组织不利于科研院所对各部门进行管控，本级和各部门之间存在信息不对称，无法确保所获取报表信息的真实性，不能保证科研院所财务数据的真实性，对科研院所数据质量造成不利影响。

(四) 财务数据规模小

财务数据规模有限，价值难以挖掘，数据规模是大数据价值的来源之一。大数据的价值具有高度的领域依赖性，需要在大量数据的基础上，发掘出数据的"隐喻"价值。❶ 正因如此，财务数据也需要在一定的规模下才能发挥效用，为科研院所管理层提供深度定制化的决策信息。❷

第四节　科研院所推进财务数智化转型的优化策略

综合科研院所数智化转型中存在的问题，科研院所通过与各项经济业务相融合，并始终坚持以科研院所的整体战略发展为导

---

❶ 徐宗本，冯芷艳，郭迅华，等. 大数据驱动的管理与决策前沿课题 [J]. 管理世界，2014 (11)：158－163.

❷ 张庆龙. 下一代财务 [M]. 北京：中国财政经济出版社，2021：32－39.

向，以经济效益和社会效益的共同实现为核心，突出以业务为根本，加强顶层设计，加强信息共享，推动财务工作自动化作业，完善监督管理机制，全方位实现科研院所的财务数智化转型。具体可以从以下五个方面推进科研院所的财务数智化转型。

一、做好财务数智化转型的顶层设计

为切实推进科研院所财务数智化转型，必须做好顶层设计，全面理顺业务流程，综合全盘考虑各项问题，重点处理好各部门间的联通，从科研的日常核算和报销扩展至促进科研发展，并实现财务数智化对会计核算流程和科研院所业务活动的全面覆盖。

（一）加强组织实施

随着新一轮科技革命和产业变革深入发展，数字化转型已经成为大势所趋，科研院所要准确把握党中央实施网络强国战略、"互联网＋"行动计划、大数据战略等的历史机遇，因势而谋，应势而动，顺势而为。科研院所应重视财务数智化转型，结合实际需要，制订数智化转型的工作计划和方案，科研院所要把数智化转型作为重点工作进行定位，要积极组织各部门有效整合技术资源，及时转变管理理念更好地为科研院所管理服务。借助数智化手段夯实财务管理的数据基础，充分发挥财务作为天然数据中心的优势，开展个性化、有针对性的财务会计管理工作，完善数智化背景下的内部控制信息化配套建设，推动内部控制制度有效实施，使用数智化手段开展决算报表和财务报表的编报工作，以财务数据辅助科研院所科学决策，实现业务与财务的深度融合。

（二）完善管理机制

科研院所在做顶层设计时需要树立明确的信息整合意识，有效整合科研院所发展过程中的各项信息，形成完整的信息链，实现信息资源的整合与共享。整合财务信息资源，构建较为完善的信息化管理机制，对现有的财务信息资源进行科学整合。财务管理本身是一项复杂的工作，需要多个部门相互配合，将相关的财务信息及时传递给需求部门。

明确科研院所的整体运行机制，各部门的具体分工、责任、义务、工作中的交叉联系等内容，为规范管理数智化转型制定明确的章程、实施细则等。明确各个科研部门和行政部门的职责分工，理顺流程，确定每个部门的需求，在数智化平台形成既相互制约又相互协调的管理机制。

（三）规划建设布局

科研院所财务数智化转型，要做好信息化建设需求繁杂与建设资源短缺的平衡工作，既要围绕科研院所财务管理的中长期战略目标，与财务管理远期发展目标一致，与信息化发展趋势一致，又要符合当下的管理模式和现有资源情况。实际操作中，要始终以解决科研院所科研、管理中的切实需求为出发点，在运用中实现财务信息化建设的价值，避免以运用新技术为噱头，把财务数智化转型变成"好看不好用"的花架子。

科研院所在推进财务数智化转型中，要关注系统功能的可扩展性，注重系统间的互联互通，为系统功能未来发展和政策变化留有余地，为后期的新需求和变化留足发展空间，不能只局限于当下，要使短期建设成果能成为长期发展的环节。一方面，要提高管理者的思想认识，让他们充分意识到信息化的重要性以及紧迫性，只有领导足够重视，才能更快更好地推进财务数智化转型，使其成为科研院所的一项重要且长期的基础性工作。另一方面，科研院所应该加强对内部人员的培训和教育，使员工的观念与时俱进，不断学习新的知识和技能，以适应新的发展需求。❶

二、加强信息共享打破"孤岛困境"

财务数智化转型是信息时代综合财务管理与互联网技术所生成的一种新模式。财务数智化转型可以通过信息技术来完成对各项财务数据信息的读取与核算，通过对传统财务管理模式进行优化，可以让财务管理流程变得更加顺畅、更加便利。财务数智化转型将会改变科研院所的财务管理模式，各种财务资源配置的优化将会为管理人员制定的各项决策提供帮助，避免因为财务数据不足而影响到科研院所管理层的核心决策。

（一）完善业务适配性

科研院所要推进财务数智化转型，需要解决报销、核算、资

---

❶ 徐菲，王迪，李坤峪，等. 高校财务信息化建设的矛盾分析及对策建议[J]. 中国管理信息化，2022，25（21）：59-62.

金管理、决策的协同运行，降低信息沟通成本，提高会计信息利用效率，统一底层，统一共享数据库，统一身份识别，统一接口标准，彻底打破"信息孤岛"，实现科研院所全方位、深层次的数据驱动，实现信息共享、数据价值提升与财务数字化能力提升。

在数据传输口径统一的情况下，将财务管理信息系统与业务管理信息系统紧密结合起来可以进一步推动财务信息与业务信息之间的数据共享，同时还可以通过建立智能数据库来充分发挥信息化建设在科研院所中的重要作用。要实现业务的适配性，科研院所相关人员需要对单位内部的各项系统进行有效整理和规划，确保各环节的工作内容都具备较高的科学化、规范化、合理化，实现科研院所整体信息化管理目的，设计规划好之后，在正式建设过程中将财务管理工作与各个部门系统进行互联互通，保证财务管理工作能够触及每一个环节，从而更好地实现信息共享，提高工作效率和质量。

（二）消除"信息孤岛"

"信息孤岛"是信息化过程中的副产品，是数智化转型的大敌，既有历史的因素，也有现实的挑战，必须高度重视。要避免数智化转型带来"信息孤岛"的增加，必须强化互联网思维，数智化转型要在优化顶层设计的基础之上，坚持改革深化与技术升级有机结合，数字化驱动与改革驱动有机配合、技术与改革协同发力，实行机构重构、业务重组、流程再造，形成纵向到底、横向到边、全员参与、全要素协同的互动网络，努力控增量、减存量，争取化"岛"为"链"，打破"孤岛"困境。

科研院所可以通过建设信息共享平台、数字化运营平台建设等方法、模式，实现信息共享、数据价值提升与财务数字化能力提升。利用信息技术加强信息共享平台建设，解决报销、核算、资金管理、决策的协同运行，消除空间、时间限制，降低信息沟通成本，提高会计信息利用效率。同时，信息共享平台建设的标准需要符合业务标准化、人员专业化与复合化、服务柔性化、软件接口标准化。实现业务逻辑到产品逻辑到代码逻辑的全线贯通，通过用户系统、积分系统、任务系统，实现数据的往复流动，真实达到统一底层、统一共享数据库、统一身份识别、统一接口标准，彻底打破"信息孤岛"，实现数据的自由交互，实现科研院所全方位、深层次的数据驱动。

三、实现财务工作的自动化、无纸化作业

为了实现自动化作业，科研院所可以利用信息技术工具将重复性高、业务量大、标准化程度高的财务业务进行集中处理，通过部署机器人流程自动化（RPA）的形式，高效准确地完成常规业务活动。为了实现无纸化作业，科研院所可以利用智能光学字符识别技术（OCR）以及区块链等技术，来实现报销、核算、归档的全面无纸化作业。

（一）实现财务工作的自动化作业

自动化作业主要是 RPA 财务机器人的广泛应用，目前国内

外很多企业都开始应用 RPA 机器人来提高财务的工作效率。如果科研院所打算推进财务数智化转型，那么考虑部署 RPA 机器人也是必不可少的。科研院所的财务人员在日常工作中存在大量的单一、重复性高的工作，如银企对账、财务报销、票据验真、上传、信息录入等。这些日常的事务性工作占据财务人员大量时间和精力，而 RPA 机器人则可以释放财务双手，让其从事更有创意的工作。

人工智能应用在财务领域是通过算法以及模型的不断开发、迭代和优化，构建"财务机器人"自主学习模式，利用光学字符识别技术（OCR）等人工智能技术，实现自动识别验证、智能匹配填报、智能生成财务凭证，实现"自动化"生成模式。财务机器人是一种运用大量数据和计算能力自动化处理单位财务流程的人工智能技术。它为银行对账、付款、来款提醒以及增值税票真伪查验等工作流程提供了更优质的服务，对财务工作起到了重要的促进作用，不仅提高了工作效率，还有效节约了成本。

在引入财务机器人之前，财务人员需要耗费大量精力进行纳税申报。有了机器人的帮助，可以将需要查验真伪的增值税票自动发送至国税总局的查验平台进行验证，并将查验结果反馈给财务人员。这样一来，可以提高纳税工作效率，财务人员不再需要手动处理烦琐的纳税申报事务。财务人员可以将更多时间和精力投入到更有价值和战略性的任务上。此外，财务机器人还可以减少错误和遗漏，并确保数据的准确性和可靠性。财务机器人为单位带来了巨大的便利和效益，它不仅提高了工作效率，节约了成本，还使财务人员能够更好地应对复杂的财务管理任务。随着技术的不断发展和创新，财务机器人将在未来发挥越来越重要的作用，为单位发展持续创造价值。

（二）实现财务工作的无纸化作业

可以从报销、账务、归档三个方面来实现财务工作的无纸化作业。青海、天津、海南等 15 个省（自治区、直辖市）税务局分别发布公告，于 2022 年 8 月 28 日起正式施行电子发票受票试点。这也意味着，自此，全面数字化的电子发票正式在全国范围内铺开。全面数字化的电子发票与传统纸质发票相比，具有便捷、安全、节约成本等优点。全面数字化的电子发票不以纸质形式存在，票面信息全面数字化，覆盖全领域、全环节、全要素，与纸质发票具有同等法律效力。

全面数字化的电子发票的实施是科研院所推进财务数智化转型的基础工作，可以利用智能 OCR 识别技术和智能版面分析系统等一键提取票面信息，对发票代码、发票号码、发票日期、发票重复、发票连号等内容或风险进行查验，并自动完成价税分离，财务人员可在审核页面看到业务信息、财务信息、全电发票、附件等内容从而进行审核，大大缩短财务审核时间，也便于无纸化智能审批；还可以使用全电发票进一步强化发票记录交易信息的本质，实现经济交易信息"一票式"集成，有利于提升报销过程的无纸化和便捷性，使发票的领票、开票、报销、存档全面数字化。同时，区块链技术的应用为保证发票的唯一性和安全性提供了保障。这说明我们正在向全面数字化电子发票的局面发展，意味着报销不需要打印、粘贴发票，不用一趟趟跑财务部门，可以做到报销全程线上填报、审核、发放。

2020 年 3 月，财政部、国家档案局发布《关于规范电子会计凭证报销入账归档的通知》，提出真实合法的电子凭证和纸质凭证具有同等法律效力。《会计改革与发展"十四五"规划纲要》提出，制定、试点并逐步推广电子凭证会计数据标准，推动电子会计凭证开具、接收、入账和归档全程数字化和无纸化。一方面，通过电子影像系统产生、采集、存储和传输电子会计凭证成为合法可行的会计档案保管方式，并为智能财务系统提供大量可学习的原始会计凭证数据样本，为智能财务的财务信息提取和存储作保障。另一方面，为确保电子凭证来源的真实合法，随着电子票据的普及和数据接口的开放共享，区块链技术的运用必不可少，区块链的"不可伪造""全程留痕"的特征，杜绝了传统模式下档案管理可能存在的伪造、窃取和篡改。❶

四、转变财务人员思维模式

科研院所推进财务数智化转型的实施，需要财务人员转变传统核算思维，培养更宏观的视野，适应新时代新技术革命的需要。用创新思维考虑财务问题是财务转型的前提条件，需要用平台思维、连接思维、共享思维、协同思维和智能化思维思考问题，逐步转变财务人员的固有思维模式。

---

❶ 王诺，郝福锦. 高校数智化财务转型策略研究 ［J］. 教育财会研究，2022（2）：44–45.

（一） 拓宽财务人员的数据思维

"人"是财务数智化持续实施、健康发展的关键因素，必须像重视硬件投入、软件更新一样，持续做好财务人员的业务培训、技能拓展，帮助其熟悉财务数智化转型的新功能、掌握新技能、树牢互联网思维，引导其从观念到方法到专业成长方式的系统创新，蜕变为互联网新人、数字化达人。

一方面，要培养财务人员的"用数据说话、用数据决策、用数据管理、用数据创新"的大数据思维，了解财务数据背后的价值，通过挖掘数据背后的逻辑，来为科研院所的发展决策提供依据。另一方面，要培养具有财务管理和数字化技术的复合型人才队伍，对数据的采集、存储、使用等方面进行优化，掌握大数据、人工智能和云计算等相关软件应用能力。通过对财务人员的培训，让财务工作通过数据赋能转变成制定决策的中心，财务人员须从报账会计向管理会计转型。

（二） 提高财务人员的综合素养

科研院所对核算型财务人员的需求逐渐减少，对业务型财务人员需求与日俱增，这意味着"金字塔型"的人员结构将逐渐朝"橄榄型"转变。财会人员若想不被时代淘汰，则必须不断学习新知识，了解新政策，提高业务能力，从而通过运用所学专业来判断和分析数据、做出正确决策。

一方面，财务人员要知信息、懂技术。随着大数据时代的来临以及新技术的广泛应用，科研院所越来越青睐于擅长信息技术的财务人员。财务人员要具备较强的技术能力，不断提高信息化水平，以应对财务系统日常维护和升级改造的需要。另一方面，财务人员要具有深刻的洞察力和卓越的战略远见。机器人使得一部分财务人员能够腾出时间和精力。财务人员需不断学习新知识、新技术，培养大局意识，做到能基于财务数据为科研院所提供有价值的决策意见。

五、完善信息安全管理机制

科研院所可以建立监控机制来完善财务数智化转型全过程管理，采用人工监控或者网络技术手段进行实时监控。人工监控可以定期或不定期对财务数智化建设系统运行情况进行突击检查，对每一环节应该达到的管理水平进行评估，发现可能存在的风险点，及时采取措施改进。网络监控可以提前在软件系统上建立预警方案，如果实际运行过程中偏离预计轨迹，系统可以自行发出警报，并自动执行风险预案。科研院所财务管理必须要加强信息化建设风险管控。

（一）加强财务数智化安全建设

为了保证信息的安全可靠，确保财务数智化安全平稳运行，科研院所必须采取一系列措施应对相关的安全风险。一是要规范财务信息化制度，利用信息化技术建立财务管理防护系统，包括防火墙技术、机密文件多层加密技术来应对病毒或者黑客入侵科研院所核心数据系统可能产生的风险，或者其他外部因素的破坏。二是做好网络的维护与备份，避免因黑客入侵而导致的重大损失，定期对系统进行升级，确保数据的安全性及保密性，通过安装杀毒软件等方式来保障信息系统的正常运行，减少人为因素造成的不必要的麻烦及经济损失。三是建立有针对性的信息化审计监督小组，对会计信息系统进行科学、合理地监控，以有效地调动会计信息工作人员的积极性，及时发现建设过程中的缺陷和漏洞。

（二）根据岗位职责设立不同权限

运用信息技术对系统使用者权限进行详细设置，对于不同岗位职责、不同级别、不同工作类型、不同项目、不同领导管辖范围之间应该设置不同的权限，并且严格保留浏览痕迹，确保数据的安全性、真实性、有效性和完整性，避免数据被人为破坏或者不小心造成丢失。

（三）提高风险防范意识

科研院所应该在信息化安全系统建设方面投入更多资金、人力、物力来维护和开发更多系统功能，保障信息化系统的安全性、完整性、多功能性和性能稳定性。对于所有运用系统的工作人员都应该增强风险防范意识，提前对可能出现的风险进行规避，为财务治理提供良好的科研院所内部环境，促进科研院所内部财务管理水平的不断提升，使整体业务活动经营水平不断提高。

总之，本章围绕财务数智化转型展开研究，从相关发展历程、优势及意义入手，充分论证了科研院所财务治理中财务数智化转型的必要性，针对科研院所推进财务数智化转型过程中所面临的问题提出从不同层面的具体对策和建议，科研院所要充分发挥信息技术的应用优势，从预算管理、成本管理、资源配置等多个方面加强管理和调整，通过推动财务数智化转型，重塑现有财务管理流程，统一基础数据，统一管理模式，统一核算要求，统一数据存储和运维模式，以数智化推动财务管理流程优化与再造，不断提高财务治理水平，为科研院所治理体系和治理能力现代化提供技术支撑和重要保障。

参考文献

［1］财政部会计资格评价中心. 高级会计实务［M］. 北京：经济科学出版社，2021.

［2］财政部条法司. 中华人民共和国预算法实施条例解读［M］. 北京：中国财政经济出版社，经济科学出版社，2021.

［3］陈宏辉. 企业利益相关者的利益要求：理论和实证研究［M］. 北京：经济管理出版社，2004.

［4］郭复初. 公司高级财务［M］. 上海：立信会计出版社，2001.

［5］何召滨. 国有企业财务治理［M］. 北京：人民出版社，2012.

［6］霍华德·戴维斯. 制定21世纪大学的发展战略规划［M］//教育部中外大学校长论坛领导小组. 中外大学校长论坛文集：第二辑. 北京：中国人民大学出版社，2004：168-170.

［7］刘开瑞，高晓林. 中国会计文化理论架构研究［M］. 北京：中国人民大学出版社，2018.

［8］乔春华. 高校内部控制研究［M］. 苏州：苏州大学出版社，2014.

［9］陶元磊．基于财权配置的高校网络治理研究［M］．北京：经济科学出版社，2017．

［10］伍中信．现代企业财务治理结构论：以财权为基础的财务理论研究［M］．北京：中国财政经济出版社，2010．

［11］伍中信，张荣武，曹越．产权中国进程中的财务使命［M］．北京：中国财政经济出版社，2018．

［12］徐鹿，邱玉兴．中国科学院规划教材：高级财务管理［M］．北京：科学出版社，2007．

［13］张庆龙．下一代财务［M］．北京：中国财政经济出版社，2021．

［14］张维迎．大学的逻辑［M］．北京：北京大学出版社，2004．

［15］郑涌，郭灵康．全面实施预算绩效管理理论、制度、案例及经验［M］．北京：中国财政经济出版社，2021．

［16］中国发展研究基金会．全面预算绩效管理读本［M］．北京：中国发展出版社，2020．

［17］曹勇．高校财务管理体制改革研究：以校院两级财务管理为例［D］．石河子：石河子大学，2008．

［18］段楠．对会计电算化向会计信息化过渡的研究［D］．太原：山西财经大学，2013．

［19］李海南．我国预算绩效管理问题研究［D］．大连：东北财经大学，2014．

［20］王海涛．我国预算绩效管理改革研究［D］．北京：财政部财政科学研究所，2014．

［21］幺立华．中国公立大学财务治理模式创新研究［D］．长春：东北师范大学，2013．

［22］衣龙新．财务治理理论研究［D］．成都：西南财经大学，2004．

［23］张歌．"互联网＋"企业财务信息化建设优化方案设计研究［D］．

北京：北京交通大学，2020.

[24] 张君. 部门预算绩效管理研究 [D]. 大连：东北财经大学，2014.

[25] 张扬. 基于全面预算的高校内部财务管理体制设计研究 [D]. 太原：太原理工大学，2006.

[26] 赵建军. 我国高等学校财务治理问题研究 [D]. 厦门：厦门大学，2006.

[27] 曹越，黄灿. 财权论纲：基于不完全契约理论的研究 [J]. 商业研究，2010 (1)：34-35.

[28] 付建华. 财务数智化基础研究 [J]. 会计之友，2021 (18)：2-8.

[29] 郭鹏. 把加快推进教育财务治理现代化作为新时代教育财务工作的重要任务 [J]. 教育财会研究，2020，31 (1)：3-7.

[30] 郭向远. 我国科研院所改革的实践与思考 [J]. 行政管理改革，2012 (4)：17-20.

[31] 贾生华，陈宏辉. 利益相关者的界定方法述评 [J]. 外国经济与管理，2002 (5)：13-18.

[32] 李连华. 股权配置中心论：完善公司治理结构的新思路 [J]. 会计研究，2002 (10)：43-47.

[33] 李心合，赵明，孔凡义. 公司财权：基础、配置与转移 [J]. 财经问题研究，2005 (12)：17-23.

[34] 刘贵生. 谈现代企业财权运作的产权支持与约束 [J]. 财会月刊，1999 (2)：10-11.

[35] 刘俊贵，张丽英，高珊珊. 基于放管服改革下的科研项目经费内部控制研究：以中国教育科学研究院为例 [J]. 教育财会研究，2016 (6)：61-64，68.

[36] 刘勤，杨寅. 改革开放40年的中国会计信息化：回顾与展望 [J]. 会计研究，2019 (2)：26-34.

[37] 沈艺峰，林志扬．相关利益者理论评析 [J]．经济管理，2001（8）：19－24．

[38] 孙健，刘梅玲．中国会计学会学术会议综述 [J]．会计研究，2019（1）：93－95．

[39] 汤景辉．基于财权配置的利益相关者财务治理框架构建 [J]．商业时代，2012（28）：57－58．

[40] 王斌，高晨．组织设计、管理控制系统与财权制度安排 [J]．会计研究，2003（3）：15－22．

[41] 王福涛，蔡梓成，张碧晖，等．中国科研院所改革政策工具选择变迁研究 [J]．科学学与科学技术管理，2021（42）：19－25．

[42] 王洪峰．战略视角的高校财务分析体系构建分析 [J]．财会学习，2021（29）：31－33．

[43] 王诺，郝福锦．高校数智化财务转型策略研究 [J]．教育财会研究，2022（2）：44－45．

[44] 王全宝，李敏．科研机构的去行政化难题 [J]．中国新闻周刊，2011（16）：36－38．

[45] 王卫星．高校治理结构缺失的原因与构造思路 [J]．财务与会计（理财版），2009（3）：51．

[46] 王宗宗，邓平．高校财务动态治理与财权动态配置探究 [J]．财会通讯，2022（14）：157－160．

[47] 位雪．基于财务数智化时代，大数据会计专业发展应对策略探索 [J]．中国乡镇企业会计，2022（12）：163－166．

[48] 伍中信．财权流：财务本质理论的恰当表述 [J]．财政研究，1998（2）：32－33．

[49] 伍中信．财务动态治理纲论 [J]．财经理论与实践，2007（3）：77－81．

[50] 徐菲，王迪，李坤峪，等．高校财务信息化建设的矛盾分析及对策建议 [J]．中国管理信息化，2022（21）：59－62.

[51] 杨淑娥，金帆．关于财务治理问题的思考 [J]．会计研究，2012（12）：51－55.

[52] 袁广林．我国公立高校治理结构的改革：新制度经济学的视角 [J]．清华大学教育研究，2006（2）：135－140.

[53] 张栋．企业利益相关者财权配置研究 [J]．财会通讯，2006（6）：68－70.

[54] 张利军，李秀婷，朱睿琪，等．"去行政化"背景下我国科研院所治理模式设计研究 [J]．管理创新，2017（13）：13－14.

[55] 张庆龙．智能财务研究述评 [J]．财会月刊，2021（3）：9－16.

[56] 张兆国，张五新．试论企业财权配置 [J]．武汉大学学报（哲学社会科学版），2005（6）：790－794.

[57] 周娟．论行政事业单位如何提高管理会计应用水平 [J]．当代会计，2021（24）：109－111.

后　　记

　　本书为中国教育科学研究院中央级公益性科研院所基本科研业务费专项资助项目"教育科研院所财务治理体系创新研究——以中国教育科学研究院为例"（GYF12021001）的研究成果，是项目组成员集体智慧的结晶。高珊珊负责课题研究的设计策划、组织协调、调研实施以及报告的框架设计、撰写、修改和统稿。各章节具体分工为：序言、第一章导论、第四章内部控制由高珊珊执笔；第二章财权配置由俞惠倩执笔；第三章预算绩效管理由崔晓莉执笔；第五章财务数智化转型由薛乐执笔。

　　本书得到中国教育科学研究院诸多领导、专家、同事的关注、支持和帮助，在此一并表示衷心感谢。